Aidos Musabekov
Dana Ermakhan
Madina Maulenkulova

BIOLOGIA MOLECULAR

Aidos Musabekov
Dana Ermakhan
Madina Maulenkulova

BIOLOGIA MOLECULAR

BIOLOGIA

ScienciaScripts

Imprint

Cover image: www.ingimage.com

This book is a translation from the original published under ISBN 978-620-4-20933-3.

Publisher:
Sciencia Scripts
is a trademark of
Dodo Books Indian Ocean Ltd. and OmniScriptum S.R.L publishing group

120 High Road, East Finchley, London, N2 9ED, United Kingdom
Str. Armeneasca 28/1, office 1, Chisinau MD-2012, Republic of Moldova, Europe
Managing Directors: Ieva Konstantinova, Victoria Ursu
info@omniscriptum.com

Printed at: see last page
ISBN: 978-620-8-51764-9

Conteúdo

CAPÍTULO 1

1. Introdução à biologia molecular Biologia molecular. Definição

O curso de biologia molecular centrar-se-á no estudo dos ácidos nucleicos e da biossíntese das proteínas. A biologia molecular é uma ciência que, devido às regularidades de interação das moléculas poliméricas, leva à ocorrência de determinados efeitos biológicos. Ou seja, proporciona o funcionamento de sistemas biológicos devido a interações intermoleculares. Falando de interações, é necessário saber como se organizam as próprias moléculas. Nelas existem diferentes tipos de ligações (de natureza diferente).

Ligações. Tipos de interações

Nas moléculas biológicas, em particular, as ligações de hidrogénio desempenham um papel importante. A energia das ligações de hidrogénio é pequena. O movimento térmico a temperaturas fisiológicas é suficiente para quebrar uma ligação de hidrogénio. Mas se as moléculas formarem mais do que uma ligação deste tipo, a quebra de uma ligação não fará com que as moléculas se separem. E, quanto mais ligações forem formadas, mais estável será o complexo. Um grande número de ligações deste tipo permite que as moléculas se juntem em complexos bastante estáveis, mas não priva a capacidade de efetuar vários rearranjos. Outro tipo de interação são as interações de Van der Waals, que surgem devido à atração entre átomos ou moléculas pelo facto de terem componentes com carga positiva e negativa. A distância do raio de van der Waals determina o empilhamento mais compacto no complexo. As interações deste tipo são possíveis tanto entre moléculas polares como não polares. Em particular, as interações hidrofóbicas surgem na sua base, quando algumas moléculas ou fragmentos são mais favoráveis para se atraírem uns aos outros, o que leva ao facto de que, se tivermos muitos desses pontos de contacto, então, como no caso das ligações de hidrogénio, existem complexos bastante estáveis. As interações hidrofóbicas permitem a formação de membranas.

Os polímeros biológicos, os seus tipos e as funções que desempenham cumprir

As moléculas biológicas são essencialmente polímeros. Este facto torna possível não formar de novo cada ligação em cada molécula, mas
para formar moléculas bastante grandes de forma rápida e económica. As grandes moléculas são construídas a partir de pequenos blocos. Que, regra geral, são iguais ou semelhantes entre si. Se um polímero for formado a partir de moléculas que têm os mesmos monómeros na sua composição, obtêm-se homopolímeros (-A-A-A-A-A-A-). Na maioria das vezes, eles desempenham funções estruturais. Os heteropolímeros regulares (-A-B-A-B-A-A-) também

têm propriedades limitadas. Estes incluem a celulose, a quitina (homopolímeros), as paredes celulares bacterianas (heteropolímeros regulares) - a mureína, o ácido hialurónico (a base do tecido conjuntivo), que também desempenham funções estruturais. Os principais são os heteropolímeros irregulares, em que as unidades não obedecem a uma sequência específica (A-A-B-A-B-A-B-B-B-B-A-A-) e os heteropolímeros ramificados. Estes últimos são bastante compactos e são utilizados como matéria de armazenamento - as substâncias que as células reservam para armazenamento (glicogénio nos animais e fungos e amido nas plantas). Se houver um dímero inicialmente, podem ser criadas 4 variantes de polímero a partir dele, se houver um trímero - então 8, no caso geral M^n variantes, onde M é o número de monómeros e n é o comprimento da cadeia do polímero. Estes heteropolímeros têm uma sequência de aminoácidos estritamente definida, pelo que o processo da sua formação é de interesse. De facto, é necessária uma enzima para reconhecer a sequência e ligar os monómeros necessários à sequência. As enzimas também são proteínas, e também elas precisam de ser sintetizadas. Este problema foi designado por problema da biossíntese das proteínas. Para resolver este problema, Koltsov propôs um mecanismo que consistia num mecanismo matricial de síntese. Ele sabia que existia uma estrutura chamada cromossoma, na qual se encontravam os genes que determinam certas caraterísticas. Sugeriu que os cromossomas são o local onde se encontram as moléculas especiais de cada proteína, estas moléculas de proteína estão lá numa espécie de forma desdobrada e o sistema enzimático especial que sintetiza uma nova proteína liga-se à extremidade dessa molécula desdobrada e, contra o primeiro aminoácido, liga-se da mesma forma à molécula de proteína seguinte. Em seguida, desloca-se para o aminoácido seguinte, liga o mesmo aminoácido e assim sucessivamente, ou seja, faz uma cópia exacta da molécula de base original, que neste caso é uma matriz para a síntese de uma nova molécula. Mas este princípio não encontrou aplicação. Anteriormente, acreditava-se que tudo era feito de proteínas, Engels dizia: "a vida é a existência de corpos proteicos".

Descoberta dos ácidos nucleicos. Composição e estrutura

No entanto, a existência de hidratos de carbono e de lípidos era também conhecida. Convém recordar outro tipo de moléculas poliméricas. No início do século XIX, Friedrich Miescher descobriu os ácidos nucleicos. Estava a estudar a composição do húmus. Recolheu ligaduras de feridas purulentas no hospital, tratou-as com determinadas soluções, entre as quais uma solução obtida a partir do coalho de vitelos, onde se encontrava uma enzima pepsina, que destrói as proteínas, e após esse tratamento e separação do material sólido, obteve-se praticamente uma fração de leucócitos. Ao contrário de outras células, os leucócitos têm muito pouco citoplasma. A sua tarefa durante o seu curto período de vida é encontrar e neutralizar algo. A sua pequena quantidade de citoplasma é rapidamente saturada por bactérias ou substâncias tóxicas ingeridas e morrem, mas como são células normais provenientes de precursores celulares normais, conservam um núcleo celular. Quando Misher destruiu os leucócitos e estudou a sua composição, obteve uma fração polimérica, diferente de outras substâncias conhecidas na altura. Verificou-se que esta substância era muito rica em fósforo. A mesma substância que ele isolou do leite de salmão macho, outros investigadores obtiveram-na depois da levedura de cerveja, o farelo. Uma vez que se tratava de constituintes dos núcleos, foram denominados nucleínas e, mais tarde, devido à manifestação de propriedades ácidas - ácidos nucleicos. É de notar que as células vivas têm um pH ligeiramente alcalino, pelo que os ácidos não estão lá, mas os seus sais sim. Um grupo de investigadores demonstrou que se trata de um polímero constituído por monómeros complexos - os nucleótidos. O elemento central de um nucleótido é um açúcar de cinco carbonos: ribose ou desossirribose, formando arbitrariamente uma forma de beta-furanose em solução (Fig. 1.1).

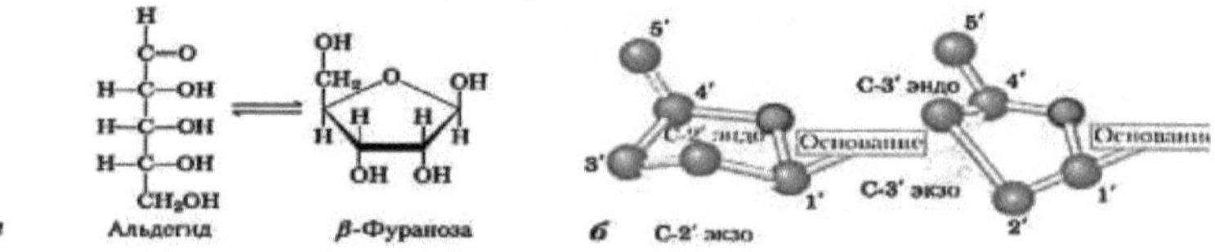

Fig. 1.1 Forma furanose do açúcar

Dois outros componentes estão ligados a este componente principal. O primeiro é um fosfato, que nos nucleótidos livres está sempre ligado ao quinto 7 para o último carbono devido à formação de uma ligação éster. Após a decomposição, pode ocorrer uma ligação à terceira posição. Se houver um hidroxilo na segunda posição da furanose, trata-se de uma ribose; se não houver hidroxilo, trata-se de uma desoxirribose. Uma base de purina ou de pirimidina substitui o hidroxilo na primeira posição (Fig. 1.2).

Figura 1.2. Estrutura de um nucleótido

As pirimidinas incluem a citosina, a timina e o uracilo, e as purinas incluem a adenina e a guanina. É possível a formação de mono-, di- e trifosfato de nucleótidos. A maioria dos nucleótidos encontra-se na forma de trifosfato (Fig. 1.3, 1.4).

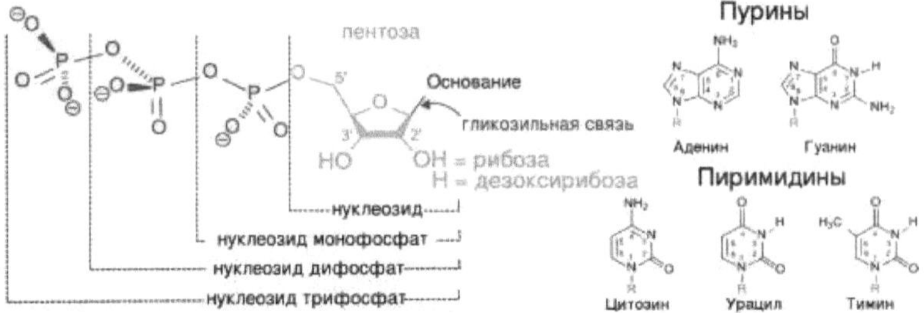

Figura 1.3. Bases azotadas (purinas em cima, pirimidinas em baixo)

Título	nucleótidos	Abreviado
como fosfatos	como ácidos	título
Lae nos 11 n - 5'-fosfato	Ácido 5'-Adenílico	MMA
Guanosina-5'-fosfato	Ácido 5'-Guaiílico	BPF
Citidina-5'-fosfato	Ácido 5'-citidílico	SMR
Uridina-5'-fosfato	Ácido 5'-Uridílico	UMP
Dszoxyadsnosina 5-fosfato	Ácido 5'-Dszoxiacético	d MDA
De zoxi guanosi n-5'-fosfato	Ácido 5'-Dszoxiguanílico	dGMP
Desoxicitidina-5'-fosfato	Ácido 5'-desoxicitidílico	dCMP
l'imidina-5'-fosfato	Ácido 5'-timidílico	dTMP

Figura 1.4. Nucleótidos que constituem os ácidos nucleicos

Na hidrólise ácida ligeira dos ácidos nucleicos, as bases purínicas (adenina e guanina) desprendem-se. Se aumentarmos a concentração de ácido e aquecermos os ácidos nucleicos, as ligações entre os fosfatos e os açúcares são quebradas aleatoriamente. O resultado é uma mistura de nucleótidos de purina livres, nucleósidos de pirimidina ligados a um açúcar, nucleósidos que contêm bases de pirimidina ligadas a um açúcar e, através do açúcar, a um grupo fosfato, que pode estar na quinta ou terceira posição do açúcar. Assim, um ácido nucleico é uma cadeia de nucleótidos ligados entre si através da formação de uma ligação entre um fosfato e um açúcar. Nos nucleótidos livres, o fosfato está ligado à quinta posição e nos nucleótidos ligados à terceira posição. Esta cadeia é designada por espinha dorsal açúcar-fosfato ou estrutura açúcar-fosfato. Normalmente, apenas a presença de um tipo de açúcar numa molécula de biopolímero é digna de nota: a ribose ou a desoxirribose, mas não a sua combinação. Estes ácidos são designados por RNA e DNA, respetivamente. No caso do ADN, as bases azotadas são a adenina, a timina, a guanina e a citosina (A, T, G, CD), enquanto o ARN não tem timina mas tem uracilo. Ao contrário do ARN, o ADN é instável espacialmente, mas estável em ambientes. O ARN decompõe-se em meio alcalino devido à presença de uma hidroxila na terceira posição, resultando num rearranjo do fosfato adjacente e consequente quebra da ligação com o açúcar anterior. O habitat principal do ADN é o núcleo e o ARN é o citoplasma, pelo que desempenham funções diferentes. Assumiu-se que estas funções estavam relacionadas com o crescimento ativo, porque o conteúdo de ARN aumentava se as células estivessem na fase de crescimento ativo (Fig. 1.5).

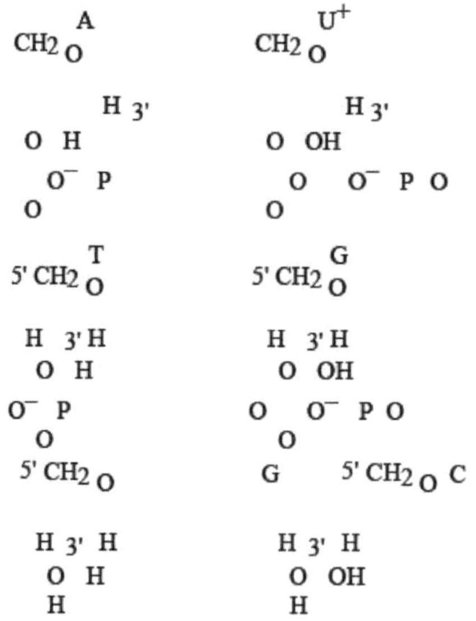

A U$^+$
CH_2 O CH_2 O
H 3' H 3'
O H O OH
O$^-$ P O O$^-$ P O
O O
T G
5' CH_2 O 5' CH_2 O
H 3' H H 3' H
O H O OH
O$^-$ P O O$^-$ P O
O O
5' CH_2 O G 5' CH_2 O C
H 3' H H 3' H
O H O OH
H H

Figura 1.5: Fragmento de ADN (esquerda) e fragmento de ARN (direita)

CAPÍTULO 2

2. Estrutura do ADN, história da sua descoberta

Hipótese dos tetranucleótidos

Na Figura 2.1 pode ver-se como os ácidos nucleicos estão organizados quimicamente. Aqui está um fragmento de um ácido nucleico com todos os átomos escritos em pormenor. Há uma extremidade 3'e uma extremidade 5'na outra extremidade, há também um agrupamento fosfodiéster onde o fosfato está ligado às hidroxilas de diferentes riboses

- na quinta e terceira posições, criando assim uma cadeia de açúcares e fosfatos alternados, com bases azotadas a sobressair lateralmente (ri[p. 2.1])

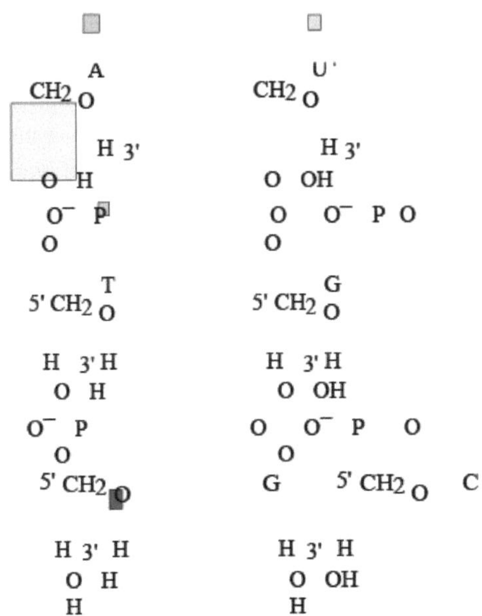

Puc. 2.1. Fragmento de ácido nucleico

Estas estruturas são polímeros irregulares, tal como as proteínas (a alternância de nucleótidos pode ser qualquer). Mas isto não foi inicialmente adivinhado, porque estes compostos são poucos nas células, é difícil obtê-los e a sua análise não era muito exacta. Paralelamente à disposição dos elementos, foi também determinado o número de bases. A investigação foi realizada em ADN isolado do timo, e este contém o número de nucleótidos aproximadamente igual, com uma ligeira predominância da adenina e da timina sobre a citosina e a guanina, mas inicialmente pensava-se que o número de todas as bases azotadas era igual. Assim, foi avançada a hipótese dos tetranucleótidos: existe um determinado monómero construído a partir de 4 nucleótidos diferentes, ou seja, quadruplos alternados na cadeia. Este tipo de estrutura não poderia ser fundamentalmente diferente dos polissacáridos estruturais. Por isso, inicialmente, havia a opinião de que se tratava de componentes estruturais ou de reserva, ou de resíduos, o que inibiu o estudo dos ácidos nucleicos, porque era difícil trabalhar com eles, e porquê - não era claro nessa altura.

O fenómeno da transformação genética, as experiências de G riffit

A solução para o problema veio de uma área ligeiramente diferente. O biólogo inglês Griffith descobriu que, se uma cultura de pneumococos, que possuem uma cápsula protetora de natureza polissacárida que os protege do sistema imunitário do hospedeiro, for cultivada durante muito tempo em meio rico, aparecem colónias anormais de células que são difíceis de detetar ao microscópio, mas fáceis de detetar em meio sólido. Em vez de hemisféricas, lisas e brilhantes, aparecem mais achatadas, enrugadas e mate. E se estas colónias forem semeadas em meio líquido, então todas as células em crescimento terão as mesmas propriedades (alterações hereditárias). Ocorreu uma mutação - as células formadas não têm cápsula (Fig. 2.2).

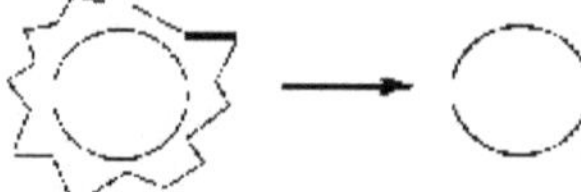

Figura 2.2. Esquema da formação de células sem cápsulas

Acontece que essas células só crescem num ambiente artificial. Uma vez que quando uma tal cultura é injectada num rato, este não morre (a estirpe sem cápsulas revelou-se não patogénica). Para além disso, ambas as culturas morrem quando aquecidas a 60^{0}C. A injeção de ambas as estirpes no rato após o aquecimento não resultou na morte do rato. A injeção simultânea no rato das estirpes sem cápsula aquecida e sem cápsula aquecida resultou na morte do rato. Ou seja, as células vivas sem cápsula adquiriram algumas propriedades das células mortas com cápsula. Segundo a tríade de Koch, as células sem cápsula deram origem a células com cápsula. As células mortas transferiram propriedades para as células vivas - transformação genética (Fig. 2.3). Atualmente, este fenómeno é amplamente utilizado para produzir OGM.

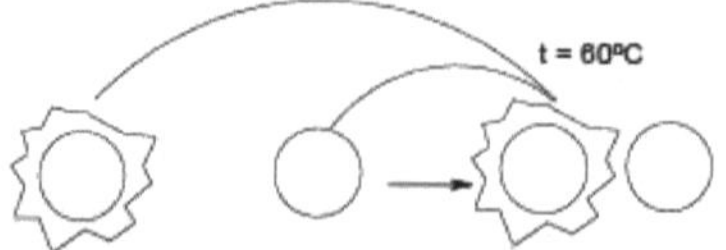

Figura 2.3 Experiências de Griffith

As experiências de Avery

Nos anos quarenta, este efeito interessou o químico americano Avery, que se dedicava ao estudo químico dos polissacáridos. Interessava-se pela forma como os polissacáridos eram sintetizados nas bactérias. Levantou a hipótese de que, se não houver cápsula e esta nunca se formar e, noutro caso, se houver uma cápsula mas a célula estiver morta, então a cápsula serve de "semente" para a síntese de uma nova cápsula. Ou seja, se a célula sem cápsula não tem iniciador, então não se forma cápsula. Pegou em células mortas, isolou polissacárido purificado das mesmas e adicionou-o às células sem cápsula, mas não encontrou nada. Supôs então que se tratava de uma questão de alteração da hereditariedade da célula. Assim, isolou uma fração de proteínas das células mortas e adicionou-a às células sem cápsula - não se verificou qualquer transformação. Depois, supôs que os lípidos eram a semente, isolou a fração lipídica e também não teve sucesso. Decidiu então que era necessário estudar os ácidos nucleicos. Isolou o ADN das bactérias, adicionou-o às estirpes sem cápsula e os ratinhos começaram a morrer ao injectando-as com estas estirpes. Assim, se o ADN for isolado das estirpes capsulares, adicionado às estirpes sem cápsulas e injetado em ratinhos, estes morrem e, de acordo com os postulados de Koch, as mesmas células capsulares são isoladas a partir daí. Ou seja, o ADN é portador de propriedades genéticas (Figura 1.4).

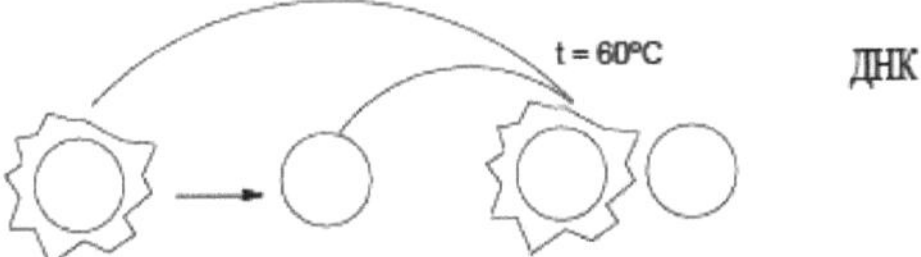

Figura 1.4 Experiências de Avery com ADN

Mas o ADN estava ligado a proteínas, uma vez que não havia possibilidade de purificação elevada nessa altura. Por isso, Avery alterou um pouco a sua experiência. Pegou numa enzima que decompõe o ADN (a DNAase estava comercialmente disponível). O DNA alienígena é o pior inimigo de todos os organismos vivos. E o RNA também. Por isso, todos os organismos vivos se defendem dos ácidos nucleicos estranhos produzindo enzimas que os destroem.

Até há pouco tempo, trabalhar com ARN era difícil porque todos os organismos vivos estão revestidos com uma camada de RNase, e nós estamos incluídos. O primeiro bom trabalho com ARN surgiu após uma experiência apresentada na Nature em 1957. O ARN de um vírus foi isolado e a sua absorvância no ultravioleta foi medida, depois adicionou-se ácido a uma parte desta solução e observou-se que o ARN precipitava, e na segunda parte o experimentador mergulhou o dedo e agitou a solução com ele durante alguns minutos. Após incubação, adicionou ácido a esta parte da solução e não observou qualquer precipitação de ARN - todo o ARN se tinha decomposto e não se tinha precipitado. A entrada de ADN estranho através do trato digestivo é considerada a mais perigosa. Por isso, o corpo humano possui uma enzima muito poderosa e muito resistente que decompõe estes ácidos nucleicos. O nosso pâncreas produz DNAase e RNase, e a RNase mantém a sua atividade mesmo que o suco gástrico seja fervido. Quando se adiciona ácido sulfúrico a 5%, todas as proteínas precipitam, mas a DNase e a RNase permanecem em solução. Na altura, uma das empresas americanas começou a produzir DNAase e RNase.

Avery retirou ADN das estirpes das cápsulas ou das próprias células, tratou-as com DNAase e misturou-as com as células sem cápsulas, injectando-as depois nos ratinhos. Os ratinhos permaneceram vivos. O tratamento com DNAase eliminou completamente o efeito. Uma vez que apenas a DNAase foi adicionada à solução, ficou provado que o DNA é responsável pelo processo de transferência de propriedades genéticas (Fig. 2.5)

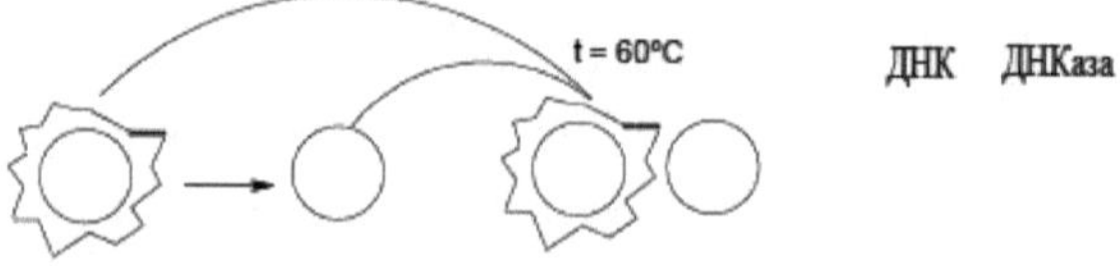

Figura 2.5. Experiências de Avery com DNAase

Paralelamente, foram também efectuadas outras experiências de destruição de ácidos nucleicos. Na Áustria, foram efectuadas experiências com o vírus do mosaico do tabaco. O vírus é simples: é constituído por uma molécula de ARN, coberta por um invólucro proteico. Se colocarmos este vírus numa solução com pH 10, o ARN e a proteína separam-se e, após a adição de ácido acético a uma determinada concentração, o ARN precipita-se, as proteínas permanecem em solução, pelo que podem ser separadas. A experiência

consistiu em separar a proteína e o RNA e infetar uma planta de tabaco, mas no início não saiu nada porque o RNA foi aplicado na superfície da planta com um dedo. A RNase presente na superfície do dedo destruiu o ARN do vírus. Por conseguinte, a experiência foi realizada aplicando o ARN na superfície das folhas da planta com um bastão de vidro, que tinha sido queimado e tratado com álcool. O ARN provocou então a infeção e obtiveram-se vírus de pleno direito nas folhas infectadas. A proteína não provocou a infeção. Em seguida, pegaram em duas estirpes diferentes do vírus do mosaico do tabaco, cujas proteínas diferiam em carga: uma tinha uma carga positiva, a outra - negativa. Separaram as proteínas e o ARN, e depois montaram-nos transversalmente: ARN1+proteína2 e ARN2+proteína1. Verificou-se que as partículas infectadas davam na descendência apenas as partículas a que o RNA correspondia, ou seja, quando infectados com RNA1+proteína2, todos os vírus descendentes tinham proteínas do primeiro tipo. Neste caso, verificou-se que, no vírus do mosaico do tabaco, o ARN é o portador da informação genética.
Outros trabalhos foram efectuados sobre os bacteriófagos T. O material hereditário para eles é o ADN. Durante a infeção, o fago injecta ADN na célula. Neste trabalho, a proteína viral foi metilada com enxofre radioativo e o ADN viral foi metilado com fósforo radioativo. As bactérias foram infectadas com o vírus e agitadas. Todo o fosfato foi transferido para o interior das células.
Nos vírus, o material hereditário pode ser DNA e RNA, e nos organismos celulares, pode ser DNA.

Experiências de Chargaff sobre a relação das bases azotadas

As bases azotadas são conhecidas por absorverem bem na região do UV visível (260 nm). Nos anos do pós-guerra, foi estabelecida a produção de quartzo, que é necessário para a ótica UV. Também no final dos anos 40, foi redescoberto o método da cromatografia. Este método estava relacionado com a separação de aminoácidos, importante em termos de determinação do valor nutricional das proteínas. A cromatografia é um método universal que permite a separação de diferentes substâncias de estrutura próxima (por exemplo, os monossacáridos glucose e frutose). O método de cromatografia em papel para a separação de bases foi aplicado pelo químico americano E. Chargaff, que, além disso, desenvolveu um bom método de hidrólise
ADN. Pegou numa preparação de ADN e hidrolisou-a com ácido perclórico a 72%. Nestas condições, o ácido actua como agente oxidante sobre os hidratos de carbono, pelo que a parte açucarada é completamente destruída. Obteve-se uma solução com fosfato e base azotada. Neutralizando e filtrando a solução,

Chargaff obteve uma solução contendo apenas as bases azotadas. Em seguida, separou-as por cromatografia em papel. Numa tira de papel, aplicava a preparação, passava o solvente, depois de seca, colocava-a numa lâmpada de mercúrio (fonte de UV) e observava manchas escuras sobre um fundo branco, e, independentemente do sistema, observava sempre quatro sequências - adenina, guanina, citosina e timina. Após a cromatografia, cada pedaço do cromatograma da base era cortado em pedaços finos e colocado numa solução ácida para dissolver a base e, em seguida, obter um espetro de UV. Desta forma, Chargaff provou que a proporção de bases não é a mesma que se pensava anteriormente. Descobriu também que a composição nucleotídica do ADN é específica de cada espécie - a primeira indicação estrutural de que as moléculas servem como matéria hereditária. A coisa mais importante que Chargaff descobriu: a quantidade de adenina é igual à quantidade de timina, e a quantidade de guanina é igual à quantidade de citosina. Verificou-se que a adenina e a guanina são purinas, e a timina e a citosina são pirimidinas, e a quantidade de purinas é igual à quantidade de pirimidinas. A adenina e a citosina têm um grupo amino na sexta posição, e a timina e a guanina têm um grupo carbonilo. Assim, Chargaff concluiu que 6 grupos amino são iguais a 6 grupos ceto (Fig. 2.6).

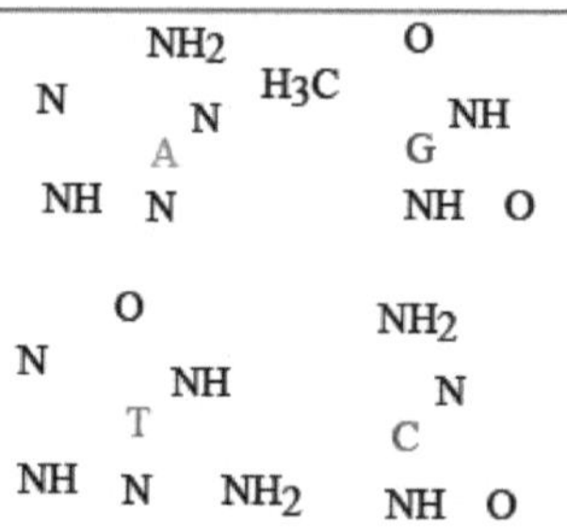

NH_2 O
N N H_3C NH
A G
NH N NH O

O NH_2
N NH N
T C
NH N NH_2 NH O

Figura 2.6 Bases azotadas

Ele supôs que se as proporções das bases são tais que a concentração de uma é sempre igual à concentração da outra, isso significa que elas estão de alguma forma relacionadas. Este facto constituiu a base do trabalho seguinte. Também se pode ver que o grupo amino é o dador de ligações de hidrogénio e o grupo carbonilo é o aceitador. Mas, nessa altura, o papel das ligações de hidrogénio ainda não era totalmente compreendido.

O passo seguinte foi a tentativa de análise da estrutura de raios X (PCA) do ADN. Esta foi efectuada pelo laboratório de Wilkinson, em particular por P. Franklin. Não é possível fazer cristais de ADN, uma vez que o ADN é uma cadeia e não um nó. Por conseguinte, recorreu-se à abordagem utilizada para os polissacáridos - com filmes orientados.

Contribuições de Watson e Crick. Modelo geométrico do ADN, complementaridade

Watson e Crick resumiram todos os dados obtidos. Interessaram-se pela genética dos microrganismos, a partir da qual se tornou claro que a fissão é sempre binária. Após uma visita a Wilkinson, Crick, depois de olhar para um desenho de análise estrutural de raios X, concluiu imediatamente que se tratava de uma espiral e derivou a equação da dispersão da luz dos raios Rentegnianos em estruturas espirais. Estudaram também o trabalho de Chargaff. Decidiram então que precisavam de analisar o problema do modelo de ADN. Os dados da PCA não correspondiam bem aos tamanhos dos nucleótidos (a hélice obtida na figura era maior). Ao mesmo tempo, Polling sugeriu que o modelo seria semelhante ao da hélice α, só que a estrutura torcida na hélice seria de fosfato de ribose, com as bases a sobressair. Watson e Crick encomendaram modelos de bases azotadas, fosfatos e açúcares a uma oficina e começaram a montá-los em cadeias. Descobriu-se que a guanina podia ter um grupo amino oposto ao grupo ceto correspondente da citosina. As distâncias e os ângulos são tais que uma ligação de hidrogénio é mais forte quando o hidrogénio se encontra numa linha reta com dois átomos electronegativos. O mesmo acontece quando se considera o par de adenina e timina. O primeiro par forma três ligações de hidrogénio, enquanto o segundo par forma duas. Ambos os pares ocupam o mesmo espaço. Formam-se pares estericamente idênticos. As distâncias entre os primeiros carbonos da desoxirribose são iguais e os ângulos de ligação são iguais. A propriedade dos pares A-T e G-C de terem o mesmo tamanho chama-se complementaridade, ou seja, os pares complementam-se numa estrutura padrão e, quando existem bases complementares ao longo de todo o comprimento, diz-se que duas cadeias - dois polinucleótidos - são complementares entre si (Fig. 2.7).

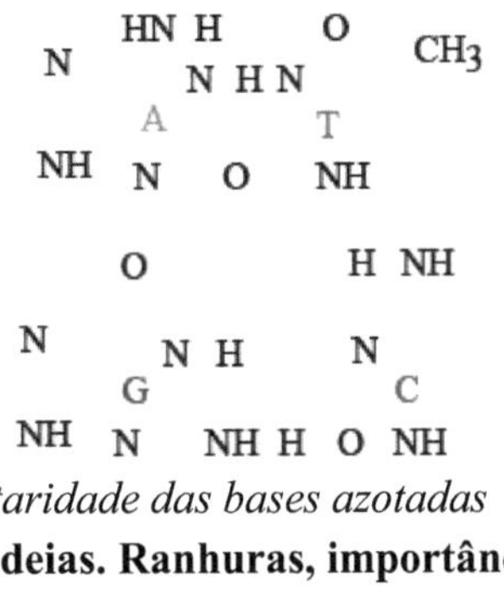

N HN H O CH_3
N H N
A T
NH N O NH

O H NH

N N H N
G C
NH N NH H O NH

Figura 2.7. Complementaridade das bases azotadas

Antiparalelismo das cadeias. Ranhuras, importância. Parâmetros da

hélice

Um par individual que forme 2 ou 3 ligações não estará muito ligado. Watson e Crick construíram um modelo para vários pares que se alternam numa cadeia: par A-T, par G-C, cada um com o mesmo tamanho. Se estes pares em duas cadeias estiverem opostos um ao outro, o espaçamento entre as cadeias será o mesmo ao longo de todo o comprimento, ou seja, resultará numa estrutura regular. A regularidade foi indicada pelos dados do PCA. Surgiu uma dificuldade na formação de tais pares. Para além da distância entre as cadeias, determinada pelo comprimento dos anéis, existe também a espessura dos anéis. Esta é bastante pequena. Por isso, colocaram as bases umas em cima das outras, devido ao facto de a ribose e o fosfato estarem inclinados - formou-se uma hélice. As bases formam uma "pilha" contínua com uma espécie de torção. Os planos das bases são paralelos entre si e perpendiculares ao eixo da hélice. Na realidade, a estrutura assemelha-se a bases azotadas coladas no centro e a estrutura de ribose-fosfato enrolada à volta. A formação de pares é possível se houver um certo movimento relativo, uma certa disposição das cadeias. As bases ligadas por ligações de hidrogénio são rodadas 180° umas em relação às outras, ou seja, se a guanina tem um hexágono como superfície inferior, então o hexágono ligado a ela pela citosina é o hexágono superior, se considerarmos a direção da cadeia. Isto leva a uma propriedade importante da dupla hélice dos ácidos nucleicos - são antiparalelas (Figura 2.8). É importante notar que a distância angular com a estrutura de um lado é menor do que a do outro: os dois lados dos planos não são equivalentes e diferem em cerca de metade. Se traduzirmos isto para toda a cadeia, existem duas reentrâncias - ranhuras grandes e pequenas, que, alternando grandes e pequenas, formam a mesma hélice que a estrutura de fosfato de ribose. Nestas ranhuras estendem-se as superfícies laterais das bases azotadas. E com certos sistemas de reconhecimento (por exemplo, proteínas específicas), é possível reconhecer a sequência de bases neste local. Uma hélice alfa adapta-se bem a um sulco grande e uma estrutura beta a um sulco pequeno.

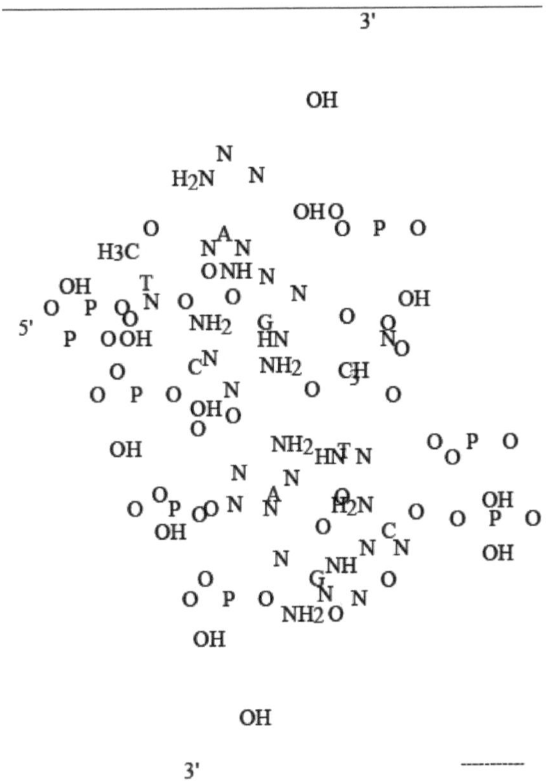

3'

OH

N
H2N N

OHO
O P O
O A
H3C N N
ONH N
OH T
O P O N O O N OH
5' O NH2 G O O
P OOH HN NO
O CN NH2 CH
O P O N O O
OHO
O
OH NH2 HN T N O P O
N N O
O O P O N A N H2N O O OH P O
OH O C
N N N OH
O NH O
O P O N N
NH2 O
OH

OH

3'

Figura 2.8. Estrutura do ADN

Mais tarde, Crick descobriu que ocorrem interações de van der Waals bastante fortes entre os pares de bases. Isto faz com que a estrutura torcida se torne estável. Há um grande número de ligações de hidrogénio na estrutura do ADN (para 10 bases, há 25-30 ligações de hidrogénio em cada cadeia). Observa-se aqui o fenómeno da cooperatividade: quando uma cadeia longa tem ligações cruzadas ao longo de todo o seu comprimento, a quebra de uma ligação não leva a uma alteração da estrutura, se essa quebra for reversível. Por conseguinte, uma tal estrutura é estável numa vasta gama de temperaturas (até 55-60°C a estrutura do ADN é estável). Por isso, nas experiências de Griffith, os pneumococos, que não eram muito estáveis, não eram acidentalmente importantes; morriam a 60°C, quando o ADN ainda estava preservado, porque neste caso a morte estava associada precisamente à rutura da membrana.

3. O ADN forma-se. A estrutura dos cromossomas

Formas A e B

Os parâmetros obtidos a partir das radiografias diferiam do modelo de ADN proposto por Watson e Crick. Isto foi explicado pelo facto de existirem várias formas helicoidais de ADN e de a transição entre elas estar associada a determinadas condições externas. Quando a hidratação da molécula diminui, existe uma forma derivada dos dados de PCA. Isto foi uma consequência da secagem das películas de ADN para a necessidade da experiência. A níveis de humidade inferiores a 70%, ocorre uma transição A-B do ADN. Na forma A-, as bases estão inclinadas para o eixo da hélice com um ângulo de 70°. O ângulo entre a ribose e o fosfato altera-se e, nesta forma, as ranhuras deixam efetivamente de existir. Esta forma A é a mais conveniente para a interação com outras moléculas, devido à maior acessibilidade dos grupos encerrados nas ranhuras. A forma B existe na célula viva. A forma A pode ser estável quando o açúcar não é desoxirribose mas ribose (a segunda posição contém um grupo OH. O hidrogénio hidroxilo aproxima-se então do fosfato da segunda cadeia do nucleótido seguinte e forma-se uma ligação de hidrogénio entre eles. Por conseguinte, o ARN apresenta-se sempre sob a forma de uma hélice A (Fig. 3.1).

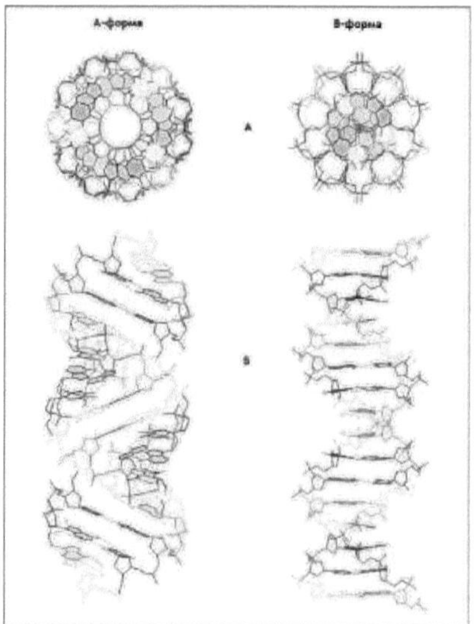

Fig. 3.1 Estruturas das formas A e B do ADN, A - vista final, B - vista lateral. Os diferentes nucleótidos estão representados a cores.

ADN em forma de Z. Comparação de todas as formas

Era necessário confirmar a existência da forma do ADN segundo o modelo de Watson e Crick. Primeiro, aprenderam a obter dinucleótidos, depois, modificando a técnica, reticulavam-nos. Uniram-se dois nucleótidos com bases guanilo e citidilo, obtendo-se o dinucleótido G-C, a partir do qual, por ativação, se obteve uma posterior reticulação destes dinucleótidos de 5 duplas: GCGCGCGCGCGCGCGCGC. Quando o hexanucleótido é colocado em solução, forma uma estrutura de dupla hélice porque esta cadeia é auto-complementar. Selecionando determinadas condições, esta pequena cadeia pôde ser cristalizada e obtiveram-se radiografias de ADN quase completo, apenas com duas bases. Nessa altura já se sabia que existiam outras formas de transição entre A e B. Os dados cristalográficos mostraram uma hélice esquerda, enquanto as formas A e B e as formas de transição eram hélices direitas. Além disso, a hélice era recortada, em ziguezague em vez de lisa, pelo que esta forma foi designada por forma Z. Nesta forma, os fosfatos são invertidos a cada dois nucleótidos. A ribose está na mesma conformação que na forma B se tiver uma base pirimidina (citosina), e na forma caraterística A se tiver uma base purina (guanina). Ou seja, os resíduos parecem alternar na conformação. Alternam também não só numa cadeia, mas também em duas cadeias relativamente uma à outra: oposta à ribose em forma de A (2'-endo) existe sempre na segunda cadeia a ribose em forma de 3'-endo. É importante notar que, neste caso, existe também uma rotação das bases azotadas. Portanto, a unidade de repetição na forma Z não é um par de nucleótidos, mas dois pares (Fig. 3.2).

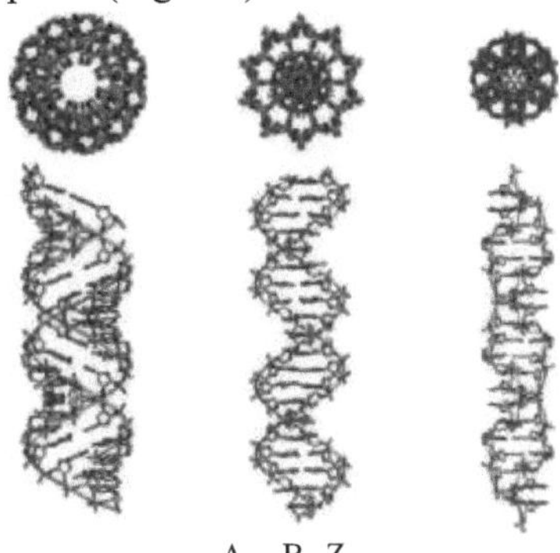

A B Z

Figura 3.2. Formas de ADN. A forma Z é formada em sítios da forma B onde as purinas alternam com pirimidinas ou em repetições que contêm citosina metilada

Além disso, a forma Z tem sinais espectrais caraterísticos. Esta forma é extremamente escassa nas células vivas. No entanto, de um ponto de vista funcional, há proteínas específicas que reconhecem a forma Z do ADN, mas não reconhecem as formas A e B. Foram também produzidos anticorpos contra a forma Z. Os animais foram injectados com Z-DNA durante um período de tempo no seu sangue, tendo sido produzidos anticorpos. Os anticorpos foram isolados e marcados quimicamente com fluorescência. Estes anticorpos marcados com fluorescência começaram a ser utilizados para corar células. Os anticorpos que encontravam o seu antigénio e se ligavam, que neste caso era o Z-DNA, deviam permanecer e brilhar. Verificou-se que áreas estritamente definidas de cromatina na célula brilham. Ou seja, em certas áreas estritamente definidas de ADN em bactérias e em cromatina de eucariotas, o ADN pode estar presente na forma Z. Descobriu-se ainda que o ADN em qualquer local pode dobrar-se na forma Z, onde purina-pirimidina-pirimidina-purina-pirimidina alternam corretamente...

Forma H

Existem várias formas duplamente helicoidais de ADN e, sob a ação das proteínas, a estrutura padrão da forma B pode ser deformada, surgindo conformações de transição não padronizadas entre A e B, pelo que se conclui que nem todos os 100% do ADN se encontram na forma B ideal. Por falar em formas de ADN, devemos mencionar a existência de mais uma forma. Esta forma é estável apenas em soluções de pH ácido, pelo que é designada por forma H ("cinza"). A forma H é formada por duas secções idênticas de ADN, ou seja, repetições suficientemente rigorosas, geralmente em condições ligeiramente ácidas e apenas quando uma cadeia tem apenas bases purinas e a outra cadeia tem apenas bases pirimidinas.

A base purina forma um par da forma habitual através da ligação de hidrogénio dos grupos amino e ceto com a base pirimidina. O grupo ceto ou amino presente na purina acima pode interagir com a purina a montante, formando também um par de ligações de hidrogénio. Isto é bem observado para o par A-T porque a adenina tem um grupo amino no topo e a timina tem dois grupos ceto. Acontece que os grupos ceto das duas timinas irão interagir com o grupo amino da adenina. Para que essa interação ocorra com a citosina, é necessário ligar mais um hidrogénio adicional ao azoto, o que só é possível em pH ácido. Ao fazê-lo, a citosina fica carregada, mas pode formar uma ligação de hidrogénio. Por conseguinte, estas estruturas são estáveis apenas num ambiente ácido. Assim, forma-se uma estrutura de três hélices que, por norma, está relacionada com a regulação do trabalho dos genes. Isto é, a formação de um sítio de cadeia simples torna possível começar a ler informação a partir deste local (Fig. 3.3).

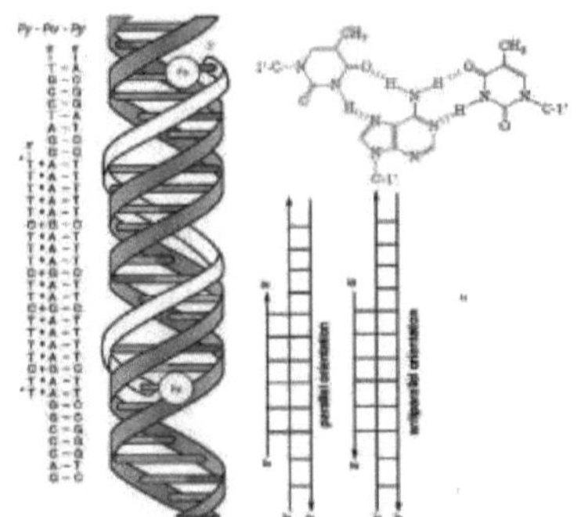

Figura 3.3. Forma H do ADN (tripla hélice)

Superspiralização, funções. Topoisomerases, classes. DNA girase

Uma vez que é impossível isolar toda a molécula de ADN, trabalhamos com fragmentos da mesma. No entanto, os vírus contêm pequenas moléculas de ADN. Nas fases de trabalho com vírus, verificou-se que estes têm material genético diferente. Foi demonstrado que os vírus de ARN (por exemplo, o vírus do mosaico do tabaco) podem infetar uma planta hospedeira sem proteínas, introduzindo apenas ARN. No caso dos vírus de ADN, observa-se o seguinte padrão: se o ADN for isolado do vírus, separado das proteínas e centrifugado, formam-se duas zonas. Inicialmente, presumiu-se que tal se devia à impureza das proteínas. Depois, purificaram previamente o ADN das proteínas, mas também obtiveram duas zonas. Cada uma destas zonas foi centrifugada - a zona inferior do original também se dividiu em duas, e a superior - assim permanece uma. A partir dos resultados da microscopia eletrónica (ME), verificou-se que uma zona tinha moléculas em anel. Já se tinha adivinhado que havia moléculas em anel, porque os vírus têm genes no ADN, que podem ser estudados por métodos genéticos, podendo ser construído um mapa genético. O mapa era circular, se se pusesse de lado a distância entre os diferentes genes, estes ficariam simplesmente no anel. Na segunda zona, no entanto, havia moléculas que eram de facto um anel, torcido num bastão rígido, que com a mesma massa é mais pequeno em tamanho, por isso assenta mais depressa (menos resistência). Quando está de pé, o ADN muda gradualmente de uma forma torcida para uma forma relaxada - um anel aberto. Há uma quebra antes da torção, seguida de uma nova união após a torção. De facto, é a remoção ou adição de uma das voltas da hélice. Este fenómeno foi designado por super-helicalização do ADN.

Descobriu-se que nos organismos em que o ADN é circular, está sempre super-helicalizado. Além disso, a super-helicalização tem um sinal: pode ser torcida na mesma direção que a dupla hélice original (super-helicalização positiva, torção para a direita). A super-helicalização negativa do ADN ocorre se houver ADN com 1000 pares de nucleótidos, ou seja, há 100 voltas na forma B e é necessário fazer menos uma volta - 99, mas para que a forma seja estável, a molécula torce-se no mesmo sítio, mas na direção oposta. O ADN nas células é quase sempre super-enrolado negativamente. Este facto foi uma surpresa. Supunha-se que a super-helicalização era um processo especial. E, por um lado, ao procurar mecanismos que impedem a super-helicalização positiva quando a replicação está a decorrer e, por outro lado, ao investigar os mecanismos que levam à super-helicalização negativa normal, foram descobertas enzimas. As topoisomerases são enzimas que não realizam qualquer reação. É uma situação paradoxal: uma enzima, mas o seu funcionamento não conduz a qualquer alteração química. O objetivo destas enzimas é torcer e destorcer o ADN. Ou seja, fazem uma rutura no ADN, rodam as cadeias uma em relação à outra e ligam-nas entre si. Como o resultado é a formação da mesma ligação fosfodiéster, em princípio não há reação química, mas há trabalho mecânico. E se há trabalho mecânico, então tem de haver uma fonte de energia. De onde é que ela vem? Bem, acontece que as topoisomerases estão divididas em em duas classes de acordo com quanto a que tipo de energia energia elas utilização. E, ao mesmo tempo, pelo mecanismo que realizam. As topoisomerases da primeira classe repõem o excesso de voltas: positivas ou negativas. Ou seja, forma-se um anel a partir da super-hélice. A enzima liga-se a praticamente qualquer secção do ADN. Como resultado da super-helicalização, uma determinada secção é desfeita. Esta transição conformacional requer algum tipo de impulso energético para as partes individuais, e isso só acontece quando há tensão no próprio ADN. Ou seja, a estrutura - ADN duplamente helicoidal e uma cadeia simples ao lado - só é possível quando existe uma superbobina nesse local. Quando a super-bobina é largada, a energia desaparece e este processo não volta a acontecer. Também não se dá na direção oposta, porque é necessário um aporte de energia e não existe nenhuma fonte de energia. As topoisomerases da primeira classe são bastante numerosas e desempenham um papel importante na replicação: quando ocorre uma super-helicalização positiva durante o desenrolamento rápido do ADN, elas repõem sempre essa super-helicalização (Fig. 3.4).

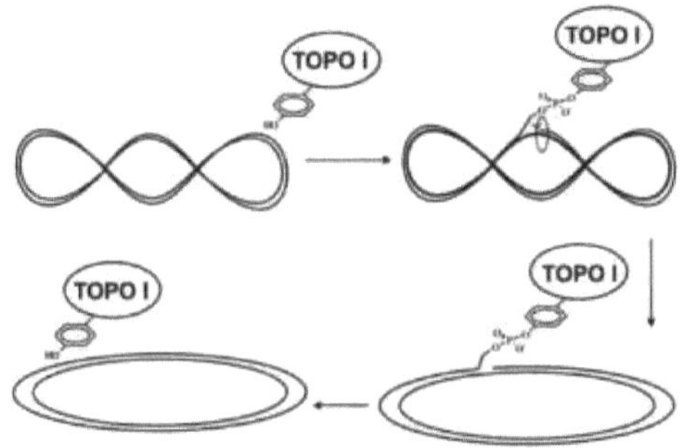

Figura 3.4. Topoisomerase I

A segunda classe de topoisomerases utiliza uma fonte de energia externa sob a forma de uma molécula de ATP. Ao mesmo tempo, não trabalha com ADN de cadeia simples, mas sim com ADN de cadeia dupla - faz uma rutura na dupla hélice. E para que isso conduza a uma espécie de rearranjo, não se limita a ligar-se à dupla hélice. Quando ocorre a super-helicalização, uma enzima "senta-se" no local do cruzamento. A enzima é constituída por dois tipos de subunidades de duas cópias cada. A enzima livre tem normalmente uma conformação em que existe uma espécie de espaço aberto onde a primeira cadeia de ADN segue numa direção. Depois. Depois de o ADN se ligar, há um fecho a meio da cadeia, uma segunda cadeia vem na outra direção, altera a estrutura da proteína e o centro ativo resultante corta as duas cadeias de ADN lado a lado, formando uma quebra de cadeia dupla. No local da quebra, as subunidades abrem-se e a segunda cadeia de ADN sai, passando através dela. As partes da enzima fecham-se e a primeira cadeia de ADN junta-se,

a passagem superior abre-se novamente para a cadeia de ADN seguinte (Fig. 3.5).

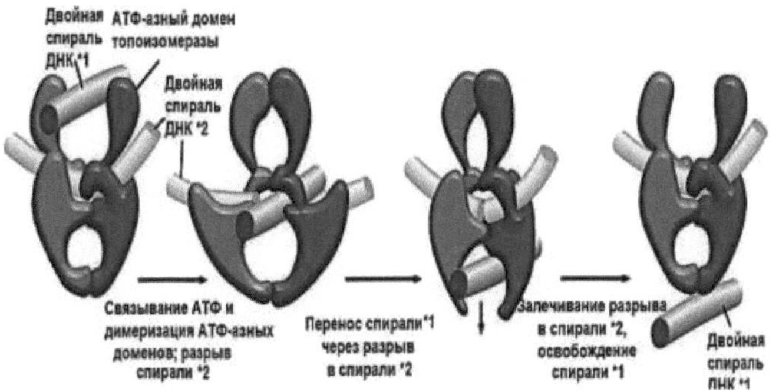

Figura 3.5. Topoisomerase II

Não existe uma quebra efectiva da cadeia de ADN, uma vez que a ligação não é quebrada, mas sim transferida. A enzima tem um resíduo de tirosina no seu centro ativo e funciona de tal forma que a ligação fosfodiéster é quebrada no local de ligação com o hidroxilo da ribose e transferida para o hidroxilo do resíduo de tirosina. Como resultado, as extremidades são covalentemente reticuladas à proteína e forma-se uma extremidade 3'livre. Os custos energéticos são os mesmos para a quebra e a formação de ligações, razão pela qual as topoisomerases da primeira classe não têm custos energéticos. No caso do segundo tipo de topoisomerase, existem dois desses centros, e cada um deles liga-se apenas a uma das duas cadeias que se formaram após a quebra - a extremidade 5'-, uma vez que a extremidade 3'- não transporta fosfato, é hidroxilada. Assim, cada uma das moléculas de cadeia dupla está ligada apenas a uma cadeia. Mas como elas estão ligadas complementarmente, isso faz com que tanto a primeira quanto a segunda fita sejam fixadas juntas.

Este ciclo envolve o ATP como fonte de energia. O ATP liga-se à molécula numa das etapas iniciais: quando a segunda cadeia é ligada, o ATP liga-se em paralelo e, em seguida, o canal inferior abre-se para permitir que o ADN seja "arrastado" de cima para baixo. Quando a cadeia passa para baixo, ocorre a hidrólise do ATP e o sistema regressa ao seu estado anterior. Ao hidrolisar o ATP (um processo irreversível) é criada uma grande quantidade de energia, pelo que todo o ciclo se torna irreversível. A energia do ATP não é gasta em nenhum trabalho real, serve apenas para mover o ATP para fora da proteína, todo o trabalho feito antes disso é feito pela energia do movimento térmico. O ATP provoca uma transição conformacional na ligação, mas não fornece energia para o fazer. Assim, as topoisomerases de classe II fazem quebras de cadeia dupla e as de classe I fazem quebras de cadeia simples.

As topoisomerases estão envolvidas em quase todos os processos em que o ADN está envolvido. Acontece que, em quase todos os casos em que algo acontece no ADN, este tem de estar numa forma superenrolada negativamente. Porque para que o desenrolar aconteça mais facilmente.

superhelicalização negativa. Negativa

A superespiralização é a ausência de espirais. Existem proteínas especiais nas células que estabilizam o estado não enrolado. No caso da super-helicalização negativa, ela ocorre estatisticamente e é fixada por essa proteína que se liga a ela. Desta forma, torna-se possível criar uma região específica de cadeia simples onde o ADN é legível. Estes processos são necessários para iniciar a duplicação do ADN e para o ler sob a forma de ARN. Por conseguinte, se alguma coisa na célula perturbar a super-helicalização negativa do ADN, a célula não será capaz de se reproduzir e crescer porque a

síntese de ARN irá parar, não se formará novo ARN e o ARN antigo irá decair.
As bactérias possuem uma forma especial de DNA topoisomerase de classe dois, a DNA girase. Esta proteína é o alvo de um grande número de antibióticos. Descobriu-se que um grande número de antibióticos simplesmente interrompe a super-helicalização do ADN. Ou seja, praticamente nada muda sob a ação desses antibióticos. Eles simplesmente reduzem a taxa de replicação porque não há super-helicalização negativa.
Os eucariotas também possuem topoisomerases II, mas não são afectadas por antibióticos deste tipo (nomeadamente os antibióticos de cloro-quinona). A super-helicalização é fixa se existirem anéis covalentemente fechados. Assim, para os eucariotas, para que o ADN se replique e para que o ARN seja sintetizado nele, é também necessário um enrolamento super-helicoidal negativo, que é efectuado por topoisomerases integradas na cromatina e que, como têm de manter anéis de tamanho relativamente pequeno, existem em grande número e a quantidade de topoisomerases é mais elevada nos eucariotas do que nos procariotas. Esta super-helicalização negativa é, em certos casos, compensada pela carga positiva de outros sítios. Ou seja, em geral, o ADN parece ser não helicoidalizado ou fracamente helicoidalizado, mas, na realidade, existem muitas super-hélices, só que estas são positivas num sítio e negativas noutros. Em particular, nos eucariotas, forma-se uma certa super-helicalização positiva quando o ADN está ligado a estruturas de cromatina, ou seja, quando o ADN está como que enrolado em filamentos e estruturas proteicas.

Empilhamento de ADN. Cromatina, estrutura dos cromossomas

Existe um certo paradoxo no tamanho do ADN. Se considerarmos a E. coli, esta tem normalmente uma molécula de ADN (se não estiver a replicar-se), com cerca de 1 mm de comprimento e um tamanho de célula de 2 microns de comprimento e 0,8 microns de diâmetro. Verificou-se que isto é possível porque o ADN não está apenas disposto ao acaso, mas existem proteínas e ARN especiais que fixam as suas regiões específicas com a formação de laços. De facto, formam-se domínios de ADN, que são comparáveis em tamanho ao tamanho da célula, mas cada um deles está orientado em direcções diferentes e não sai da célula. No corpo humano existem 48 cromossomas, cada um contendo a sua própria molécula, e no total o tamanho do ADN é de 120 cm. Tudo isto cabe num núcleo com um diâmetro de 4-5 microns. Para resolver o problema do emaranhamento das bobinas nos eucariotas, existe um empilhamento especial do ADN, passo a passo, com a ajuda de proteínas especiais - forma-se a cromatina. A formação da cromatina começa com a formação dos nucleossomas. No final do século XIX e início do século XX, descobriu-se que havia um grupo de proteínas com carga positiva no núcleo das células eucarióticas. À medida que as células do núcleo foram sendo estudadas, aprenderam a isolar as células, e delas aprenderam a extrair certas estruturas que continham ADN, e verificou-se que todas estas proteínas faziam parte das estruturas. Estas proteínas, chamadas histonas, formam complexos com o ADN. Inicialmente, pensava-se que se tratava apenas de complexos electrostáticos, ou seja, que os contra-iões eram atraídos uns pelos outros. Mas isso não explicava algumas das particularidades das histonas: existe um número estritamente definido de espécies de histonas nos mesmos organismos vivos, caso contrário, qualquer sequência poderia ser utilizada. Existem cinco tipos de histonas: diferem em tamanho e no conteúdo de diferentes aminoácidos. São rotuladas pela letra H ("ash") com um índice numérico correspondente, de acordo com a ordem em que são dispostas durante o processo de separação em meios específicos: H1 H2 H2 H3 H4, depois verificou-se que H2 não é uma mas duas proteínas diferentes, e começaram a ser chamadas H2a e H2b. H1 contém principalmente o aminoácido lisina como carga positiva, a proteína é maior do que as outras (25 kDa). H2a e H2b são próximas em tamanho e contêm quantidades aproximadamente iguais de arginina e lisina; foi por serem próximas em tamanho e carga que inicialmente não puderam ser separadas, enquanto H3 e H4 são argininas, muitas vezes menores em tamanho do que H1 e 1,5-2 vezes menores do que H2. Verificou-se que H3 e H4 são muito conservadas - em diferentes espécies de organismos estão muito próximas na sequência de aminoácidos, não apenas na composição. As histonas foram isoladas por extração com ácido clorídrico do núcleo. Quando foram isoladas, revelaram ter aproximadamente a mesma massa que o ADN. E o número de diferentes formas de histonas, se recalcularmos em unidades molares, em vez de contarmos pela massa, parece que também é aproximadamente o mesmo, o que, por sua vez, indica a formação de estruturas de composição constante - complexos. Verificou-se que, ao extrair o núcleo de uma determinada forma, forma-se um complexo de ADN com histonas, que no EM se parecerá com filamentos de ADN com "contas" esféricas, tais estruturas foram chamadas nucleossomas. Existem duas moléculas de histonas H2a, H2b, H3 e H4 por partícula e forma-se um octâmero de histonas - uma associação densa e estável (Fig. 3.6). As histonas juntam-se para formar um único glóbulo, e esta estrutura é necessária para que o ADN se enrole nele. Embora a ligação do ADN às histonas seja independente da sequência de nucleótidos, algumas sequências apresentam uma certa vantagem, pois são mais frequentemente enroladas desta forma e a distância entre os nucleossomas é estritamente constante. Obtém-se uma unidade permanente constituída por um nucleossoma e um ligante.

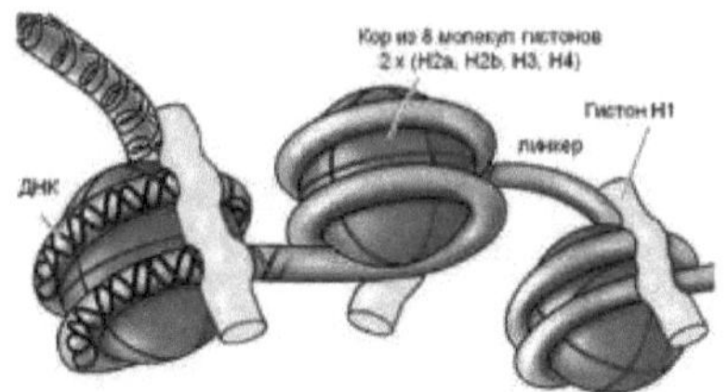

Figura 3.6. Estrutura de um nucleossoma

As partículas foram descobertas ao tratar suavemente a cromatina com DNAases. A secção entre os nucleossomas é quebrada sob a ação de certas enzimas que clivam o ADN, mas se forem tomadas poucas enzimas, a quebra ocorre literalmente numa ou duas ligações. Assim, obtiveram-se estas partículas em forma quase nativa, conseguindo-se mesmo cristalizar e descobrir a estrutura espacial do nucleossoma. Descobriu-se assim que as histonas têm caudas salientes, as histonas H2a e H2b são constituídas por duas partes: uma parte globular densa, que faz parte do nucleossoma e uma cauda, a cauda contém aminoácidos com carga positiva. Por isso, quando o ADN se enrola, pode haver duas opções: se esta cauda for modificada de alguma forma, e a carga nela contida for reduzida, fica pendurada livremente; se for tornada positivamente carregada (por exemplo, através da metilação de lisinas), enrola-se em cima do ADN e bloqueia-o, esta secção fica fechada e a informação não pode ser lida a partir dela. Assim, há modificações nas histonas que as tornam repressoras ou permitem a leitura dos genes. Um tal filamento nucleossómico sofre empilhamento, o filamento e os nucleossomas são dobrados numa fibrila. Tem parâmetros diferentes consoante a forma como é produzido. Os nucleossomas interagem com a histona H1, que se liga ao ligante com a sequência do ligante, e a H1 interage entre si e, como se puxasse estes locais em conjunto. É produzida uma espécie de fio mais grosso. Na terceira etapa, formam-se laços (como nas bactérias) devido a fixações na base (scaffold), que são proteínas que formam um eixo longo a partir do qual os laços se ramificam, há topoisomerase-II nos pontos de fixação, pelo que cada laço pode ser super-helicalizado negativamente. Estes laços formam então rosetas que, colando-se umas às outras, se torcem para formar a hélice seguinte. Quando as rosetas se unem, os cromossomas condensam-se. Até lá, o ADN está em interfase (distribuído por todo o núcleo), o que leva à formação de estruturas cromossómicas compactas, que são convenientes para o transporte, mas inconvenientes para a leitura da informação dos genes e para a replicação. Portanto, a replicação ocorre primeiro, seguida pela condensação e divergência.

As diferentes áreas de ADN numa célula são compactadas de forma diferente. Há áreas que estão sempre bem compactadas e nunca funcionam: a heterocromatina - vista em preparações histológicas como mais intensamente corada. Há também zonas muito frouxas onde podem ocorrer certos genes, e uma terceira parte muito pequena - os genes que funcionam num determinado momento - pode até ser desprovida de nucleossomas (isto aplica-se aos genes do ADN ribossómico, os nucleossomas quase não têm tempo para se juntarem neles, porque a transcrição ocorre aí a toda a hora). Os nucleossomas em si não interferem com o processo de leitura da informação, porque a enzima que o faz sabe como contorná-los, dobrando o ADN de modo a que os nucleossomas se desloquem do local que está a ser lido para o local que já foi lido. Desta forma, a transferência de alças torna possível a leitura das cadeias nucleossómicas.

4. Replicação do ADN bacteriano

As experiências de Meselson e Stahl. Síntese semi-conservativa de ADN

Watson e Crick sugeriram que a complementaridade exacta de duas cadeias permite que a célula separe essas cadeias e, em seguida, em cada uma delas, complete a segunda de acordo com o princípio da complementaridade.

A prova veio em breve de dois investigadores americanos, Meselson e Stahl, que utilizaram o método de centrifugação do ADN para distinguir o ADN antigo do novo. O principal problema com a síntese de polímeros é que existe um grande número de polímeros na célula e os novos constituem uma proporção menor, pelo que é difícil identificar a nova proteína ou o novo ARN, o ADN que se formou na célula devido a este facto. Meselson e Steel utilizaram os isótopos estáveis ^{15}N e ^{14}C, em que o carbono é parte da glucose e o azoto é simplesmente um sal de amónio, como meio de crescimento da E. coli. Como as bactérias se dividem repetidamente, o seu ADN é sempre sintetizado de novo, pelo que será gradualmente constituído por estes isótopos pesados. O ADN foi então isolado e comparado com o ADN normal por centrifugação num gradiente de densidade de cloreto de césio (Figura 4.1).

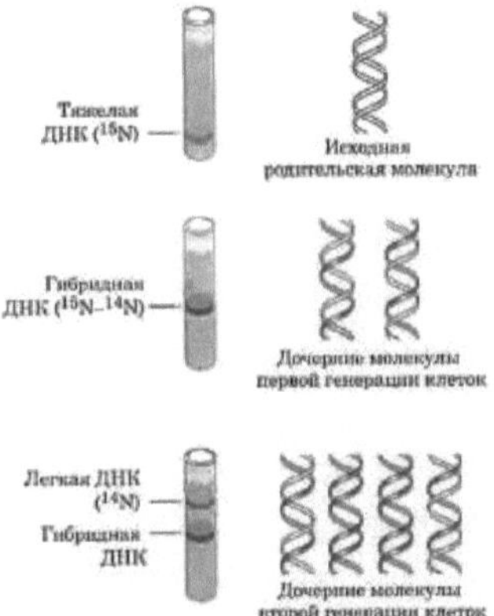

Figura 4.1. A experiência de Meselson e Stahl. Natureza semi-conservadora da replicação

Quando o ADN está em solução, tem grupos fosfato à sua volta que seguram os iões contrários. O césio é um ião pesado, pelo que aumenta bastante a densidade do ADN e, se o ADN estiver limpo e seco, tem uma densidade da ordem de

1,2 - 1,3, bem como as proteínas, num gradiente deste tipo, comporta-se como uma substância com uma densidade de cerca de 1,6-1,8. E este intervalo de densidade é bem criado pela centrifugação do cloreto de césio. Isto significa que, quando o ADN é colocado numa solução de cloreto de césio, o césio espalha-se, criando um gradiente, e mais abaixo neste gradiente, o ADN, que tem um tamanho maior e uma taxa de difusão menor, começa a espalhar-se, tal como o césio, sob a influência da gravidade - ou seja, assenta até atingir a sua zona de densidade. Como resultado, as moléculas que estavam originalmente distribuídas uniformemente pelo copo da centrifugadora acabarão numa zona estreita correspondente à sua densidade. Meselson e Steel realizaram a mesma experiência, cruzando células cultivadas em meio pesado com células cultivadas em meio leve (com os isótopos comuns habituais ^{12}C e ^{14}N como fontes de carbono e azoto, respetivamente). Após meia hora, tempo necessário para a divisão celular, o ADN foi igualmente isolado e centrifugado num gradiente de cloreto de césio.

Há que ter em conta duas variantes possíveis. Se o novo ADN fosse sintetizado independentemente do antigo, como uma molécula separada, tal como se sintetizam as proteínas e os polissacáridos, então o novo ADN seria todo leve e o antigo seria todo pesado. Neste caso, apareceriam cadeias leves e pesadas. É o que acontece quando o novo ADN leve é sintetizado a partir do ADN pesado original e o antigo ADN pesado permanece. Este mecanismo é designado por conservador.

A segunda variante pode ser obtida quando o ADN é duplicado de acordo com o mecanismo proposto por Watson e Crick: neste caso, cada uma das cadeias do ADN pesado inicial serve para superestruturar a segunda, ou seja, obtêm-se cadeias constituídas por uma metade pesada e outra leve, ou seja, o ADN deve ter uma densidade intermédia.

Havia ainda uma terceira opção, que consistia no facto de o ADN ter sido sintetizado novo em alguns locais de uma dada cadeia e noutros ter permanecido velho - o chamado "mecanismo do mosaico". Era evidente que era improvável, mas neste caso havia ADN antigo, pelo que havia um local antigo, depois um local novo, depois um local antigo, depois um local novo e, consequentemente, na segunda cadeia seria ao contrário, ou, se falarmos de duas moléculas, poderia haver uma distribuição aleatória diferente em locais diferentes. Neste caso, aconteceu o mesmo quando ambos deram a mesma imagem, o que se reflectiu na experiência.

Assim, quando Meselson e Stahl isolaram o ADN após um ciclo de replicação, não tinham duas zonas de ADN leve e pesado, pelo que o modelo do mecanismo conservado estava errado. O que restava era escolher entre os dois. Depois, fizeram crescer as células não num ciclo, mas em dois. Neste caso, formaram-se duas bandas: uma zona a mesma A zona de luz, cuja quantidade era aproximadamente a mesma que na zona híbrida. Verificou-se que os dois filamentos divergiram, e no pesado e no leve sintetizaram adicionalmente um filamento leve cada - isto significava que metade das moléculas se tornaram de densidade intermédia, a outra metade - leve. Assim, o mecanismo semi-conservativo de síntese, proposto por Watson e Crick, foi comprovado.

Trifosfatos de nucleósidos

Este mecanismo semiconservativo implica a existência de sistemas que desvendam o ADN, que ligam os nucleótidos à cadeia antiga e verificam a sua complementaridade, mecanismos que ligam os nucleótidos, ou seja, tudo isto requer certas proteínas, porque são as proteínas que realizam vários processos nas células. Começou-se então a trabalhar para descobrir essas proteínas e decifrá-las. A primeira coisa que se identificou foi a partir de que é que os ácidos nucleicos são sintetizados. A cadeia matriz, que está lá, tem de anexar alguma forma de nucleótido, e verificou-se que essa forma eram os trifosfatos de nucleótidos (Fig. 4.2).

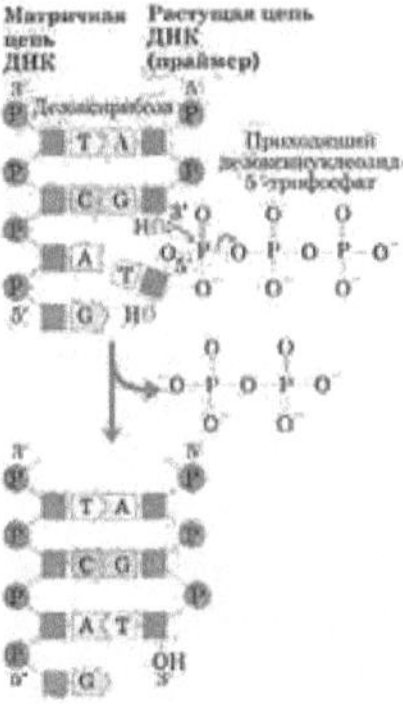

Figura 4.2. A cadeia da matriz liga o trifosfato de nucleótidos na extremidade 3'-

Além disso, tal como no ATP, pode haver todas as 4 bases que podem fazer parte de um ácido nucleico. Ou seja, pode haver timina, guanina, adenina, citosina - todas sob a forma de trifosfatos, isto é, ATP, GTP, CTP, TTP. Estes possuem uma grande reserva de energia, os grupos fosfato estão ligados por uma ligação anidrido, que é energeticamente muito desfavorável - a sua hidrólise resulta na libertação de cerca de 30 kJ/mol de energia. É lógico supor que dois grupos fosfato ligados por uma tal ligação macroérgica seriam um bom substrato. Por conseguinte, estes trifosfatos, no caso da síntese de ADN, deveriam conter desoxirribose, uma vez que estes nucleótidos não se encontram praticamente nas células. Muito mais tarde, verificou-se que estes nucleótidos não estão presentes na célula numa quantidade superior à necessária para a síntese de ADN. Nas células eucarióticas, esta enzima não funciona durante quase todo o ciclo celular, exceto na fase S. Nas bactérias, a síntese proteica é contínua nas culturas de crescimento rápido, pelo que está sempre a funcionar, mas fornece os produtos necessários à formação do ADN na quantidade certa. Por conseguinte, era impossível isolar os nucleótidos da célula - tinham de ser sintetizados quimicamente. Mas já era claro que era necessário encontrar primeiro o nucleótido certo: por exemplo, se a adenina estava na cadeia, a timina tinha de se juntar a ela.

Síntese de ADN, ADN polimerase I. Fragmentos de Okazaki. Primase

Além disso, foi demonstrado que a síntese não se processa ao longo de toda a cadeia, mas pontualmente. O local de duplicação (adição de nucleótidos) move-se ao longo da cadeia original da matriz de ADN juntamente com a enzima, com a construção gradual da cadeia. Ou seja, a cadeia cresce a partir da extremidade numa determinada direção, e a enzima segura em primeiro lugar a extremidade da matriz, que se deve acumular no centro onde a adição tem lugar. As cadeias mantêm-se unidas por ligações inter-nucleotídicas, mas o nucleótido final pode soltar-se facilmente porque não está unido pelos seus vizinhos. A enzima actua como um vizinho na cadeia longa e mantém o lugar. A sua tarefa é apanhar o nucleótido certo, este processo é feito por seleção aleatória, uma vez que não está demonstrado que haja quaisquer rearranjos especiais na enzima dependendo do que está na cadeia da matriz, ou seja, para qualquer nucleótido a estrutura do centro ativo é aproximadamente a mesma. Por conseguinte, é a interação que é importante neste caso, ou seja, o nucleótido errado também se pode juntar.

A enzima, após a ligação de um nucleótido, verifica a posição dos fosfatos desse nucleótido: devem terminar junto à hidroxila da extremidade em crescimento. Se tudo estiver correto, eles acabam definitivamente nesse local.

Sabe-se agora que existe um conjunto bastante universal de aminoácidos no centro ativo - alguns aminoácidos ácidos, como o ácido aspárico, que com as suas carboxilas fixa vários iões magnésio, e este último liga-se a duas carboxilas, encontrando-se preso num local estritamente definido e fixando já os fosfatos e enfraquecendo adicionalmente a ligação entre estes dois grupos fosfato. Como resultado, a ligação entre os fosfatos é quebrada e o grupo fosfato liga-se à terceira posição da desoxirribose na extremidade em crescimento. Desta forma, a cadeia vai-se acumulando, uma de cada vez.

Foi necessário isolar a enzima para determinar o seu funcionamento. A partir da presença de atividade, ficou claro que eram necessários trifosfatos. Para estudar a atividade da enzima era necessário dispor de uma matriz, nucleótidos, e observar a formação do polímero. Para este efeito, utilizavam-se geralmente nucleótidos radioactivos. As bases do trabalho foram lançadas pelo eminente biólogo molecular Arthur Kornberg Sr., que foi o primeiro a obter em estado puro a enzima que sintetiza o ADN. Ele determinava a atividade isolando o ADN de um objeto, dissolvendo-o e adicionando iões à solução (os iões de magnésio eram necessariamente necessários). Em seguida, adicionava nucleótidos e uma enzima e observava a transferência da radioatividade que se encontrava nos nucleótidos para a fração solúvel em ácido dos polímeros. Uma vez que os ácidos nucleicos são ácidos, quando adicionados a uma solução com um pH inferior a 2, não se dissociam e começam a aderir e a precipitar. Por conseguinte, as cadeias recém-sintetizadas precipitam-se e, com elas, a radioatividade. O precipitado foi então filtrado e colocado num contador para determinar a radioatividade. Após purificação, obteve a enzima na sua forma pura. A enzima era bastante ativa e necessita de trifosfato para funcionar. Quando começámos a verificar o seu funcionamento em diferentes matrizes, ocorreu um facto inesperado: se tomássemos uma preparação de ADN não muito homogénea, por exemplo, ADN isolado de algumas células animais (células que são multicromossómicas, respetivamente, muitas moléculas de ADN diferentes, além de serem grandes, quando isoladas quebram-se, obtendo-se fragmentos), a enzima mostrava atividade. Quando se recolheu ADN viral (ADN em anel superenrolado), verificou-se que a enzima não funcionava. Era lógico supor que não conseguia desvendá-lo, mas verificou-se que, se o ADN não estiver enrolado, mas relaxado (como resultado de uma única quebra ou de um pequeno número de quebras) - é também uma matriz muito má.

Isto levou a experiências de degradação enzimática do ADN. Com a ajuda da DNAase, que quebra aleatoriamente as cadeias algures no meio. Por exemplo, pegaram na DNAase pancreática animal em quantidades muito pequenas (em quantidades tais que havia um milhão de moléculas de ADN por cada molécula de enzima) e incubaram-na durante um período muito curto. Isto causou um pequeno número de quebras no ADN, mas como a enzima só quebra uma cadeia, estas quebras foram numa cadeia e a segunda cadeia permaneceu intacta. Assim, o ADN mantinha a aparência de um ADN aparentemente inteiro e relaxado, mas na realidade havia muitos cortes no ADN. Verificou-se que quanto mais a DNAase era incubada (quanto mais cortes eram feitos), mais a DNA polimerase se sintetizava nela. Começaram então a examinar o ADN obtido para ver onde estavam incluídos os nucleótidos radioactivos. Descobriu-se que estes são incluídos no ponto de quebra. Ou seja, a ADN polimerase alonga as extremidades 3'das moléculas formadas como resultado da quebra e, gradualmente, anexa a elas novos nucleótidos complementares à segunda cadeia. A segunda cadeia, que foi quebrada neste ponto, é empurrada para trás. A síntese começa sempre com uma quebra. A enzima precisa de uma extremidade 3'-, ou seja, não é capaz de iniciar a síntese de novas moléculas, mas apenas de alongar as antigas (Fig. 4.3).

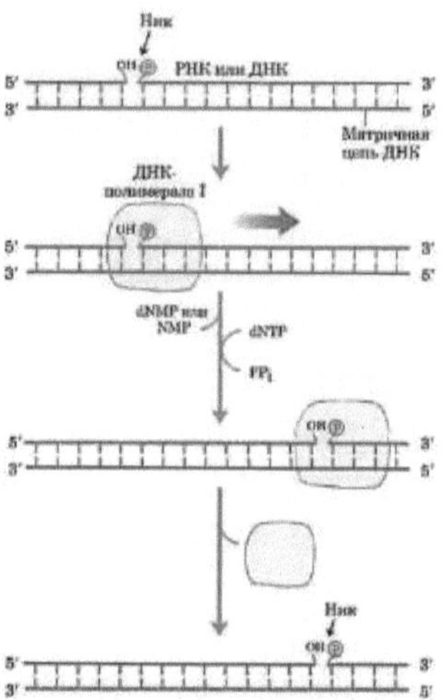

Figura 4.3. Ação da enzima ADN polimerase I após a realização da quebra da ADNase

Neste caso, verificou-se que, à medida que a ADN polimerase trabalha, acumulam-se no ADN superbobinas inicialmente positivas. Ou seja, a fita não se desenrola, mas corre as bobinas longitudinalmente. Em seguida, as topoisomerases de classe um são activadas, fazendo uma rutura numa cadeia e puxando a segunda cadeia através dela, deixando cair as bobinas devido à energia retirada da DNA polimerase. Para além das topoisomerases, existe outra classe de enzimas envolvidas na modificação espacial do ADN - as helicases (enzimas de desenrolamento da hélice). A helicase é constituída por 6 subunidades. Ela trança o ADN, percorrendo-o, derrubando as espirais, desenrolando a cadeia. Mais à frente actua, quando as espirais se acumulam, uma topoisomerase de classe 1. Assim, a ADN polimerase recebe como matriz o ADN de cadeia simples. Proteínas especiais (SSB-proteínas) com afinidade para o ADN de cadeia simples participam neste processo; assentam sobre o ADN não entrançado e impedem o processo de torção inversa. O processo do início da replicação continua a ser uma questão por resolver.

Voltando à replicação do ADN em células reais, foi chamada a atenção para uma observação anterior feita pelo cientista japonês Okazaki: se tomarmos condições desfavoráveis ou mutações em células E. coli, acumulam-se fragmentos de ADN. A colocação deste ADN num gradiente alcalino mostrou que a maior parte do ADN, que é determinada pela luz ultravioleta, se comporta como uma molécula grande, e o ADN recém-sintetizado é representado por "pedaços" muito curtos, ou seja, não há uma acumulação contínua da extremidade numa molécula longa, mas formam-se muitos fragmentos curtos, chamados "fragmentos Okazaki". Estes fragmentos, que têm várias dezenas de nucleótidos de comprimento, são formados e reticulados após um certo tempo (indicando o seu número constante) em moléculas maiores. Os fragmentos de Okazaki formam-se devido ao facto de uma das cadeias da síntese ser descontínua e de cada fragmento ser formado pelo seu próprio inóculo.

A partir de outras experiências, verificou-se que, com o aumento do tempo de retenção no gradiente alcalino, os fragmentos encurtam e o ADN é estável em meio alcalino. O ARN é hidrolisado em meio alcalino. Verificou-se que era possível lixiviar parte dos nucleótidos do ADN recém-sintetizado, verificando-se que esta era a parte onde o fragmento começava (ou seja, a sua extremidade 5'). Descobriu-se que uma enzima que sintetiza o ARN, que constitui uma exceção às polimerases dos ácidos nucleicos, trabalha em complexo com a polimerase do ADN. Esta polimerase de ARN que sintetizou o início dos fragmentos de Okazaki comete um erro de 1 erro por cada 10 nucleótidos ainda mais frequentemente. Acontece que esta enzima pode começar em qualquer ponto, e não tem sítios de início específicos. Os erros frequentes levam a que a extremidade deste ARN não possa ser corretamente posicionada na matriz, o que impossibilita a junção do nucleótido seguinte, ou seja, a extremidade incorretamente formada salta para fora do centro ativo. Esta enzima, que sintetiza *os primers*, é designada por "primase". Ou seja, a primase é uma RNA polimerase altamente errónea que sintetiza fragmentos curtos a partir de qualquer ponto do ADN (Fig. 4.4).

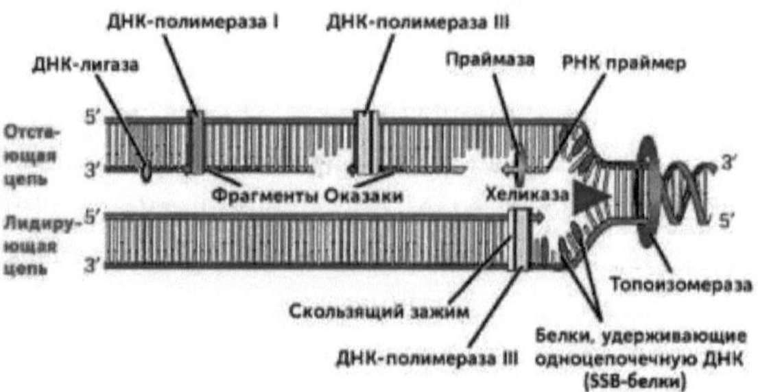

Figura 4.4. O papel da primase no mecanismo de replicação do ADN

Em seguida, entra no processo a ADN polimerase, que tem outra propriedade interessante - a atividade corretiva: se acidentalmente fixar um ou dois nucleótidos errados, ela própria os destrói, movendo-se para trás. Uma vez ligada, a ADN polimerase começa a sintetizar ADN. Este processo ocorre numa cadeia, na segunda cadeia há um problema devido ao facto de os ácidos nucleicos serem sintetizados apenas numa direção - ligam-se à hidroxila na terceira posição, porque os nucleótidos que estão na célula têm um fosfato na quinta posição. Na matriz, a situação é inversa porque as cadeias do ADN são antiparalelas. Quando uma região de cadeia simples estendida é formada e estabilizada por proteínas especiais, a enzima sintetiza o inóculo na direção oposta, na extremidade da região já não trançada. E esses trechos curtos resultantes são os fragmentos de Okazaki.

Em seguida, os fragmentos de Okazaki resultantes devem ser privados de inóculo, uma vez que não deve haver ARN na enzima madura, e as cadeias devem ser reticuladas. Para este efeito, é necessário ter em conta algumas propriedades especiais das polimerases do ADN. Ao trabalhar com ácidos nucleicos, verificar se a preparação está contaminada com nuclease.

As hidrolases (uma enzima da classe das nuclease que hidrolisa compostos) podem quebrar a ligação em vários locais: quando se trata da clivagem do ADN, existem duas abordagens - separar os monómeros da extremidade, um de cada vez, e quebrar em alguns locais no meio. Estas enzimas são designadas endo e exohidrolases, ou seja, as endonucleases quebram o ADN no meio e as exonucleases quebram-no a partir das extremidades. As endonucleases, através de uma única quebra, podem transformar a molécula em duas metades, cada uma das quais não é funcional. A endonuclease pode não parar numa quebra, mas fazer uma segunda e subsequentes quebras. Os dois processos são muito diferentes na sua velocidade - a exonuclease trabalha muito mais lentamente.

Niquotranslação. DNA polimerases II, III

Foi demonstrado que as DNA polimerases têm atividade de exonuclease. Existem dois tipos de nucleases: a 3'-exonuclease e a 5'-exonuclease. A DNA polimerase de Kornberg tinha ambas as actividades, ou seja, podia clivar nucleótidos de diferentes extremidades (em sistemas artificiais). Verificou-se que, se fosse submetida a proteólise, a enzima dividia-se em duas partes. A proteína é assim constituída por dois glóbulos ligados por uma região suficientemente acessível à proteólise. Um glóbulo tinha atividade de polimerase. E o outro glóbulo não. Mas esta parte principal tinha apenas atividade de 3'-exonuclease. Ou seja, este fragmento (o fragmento de Klenow) tinha duas actividades: podia ligar o nucleótido seguinte à 3'-hidroxila se houvesse uma matriz e um primer, mas também podia separar o nucleótido da extremidade 3'-. Verificou-se que a molécula contém dois centros activos que podem mudar de lugar por rearranjo das moléculas. O segundo glóbulo exibe apenas atividade de 5'-nuclease e é capaz de remover nucleótidos da extremidade oposta da síntese. Este processo, em que a polimerase cliva uma cadeia e depois completa uma nova, é designado por shsk-translation (nick-breaking). Em tempos, este método foi ativamente utilizado para produzir ADN marcado radioactivamente (Fig. 4.5).

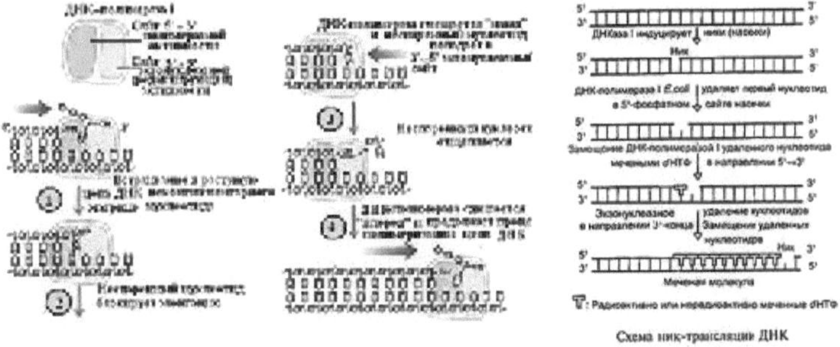

Figura 4.5. Tradução de níquel

De seguida, Kornberg descobriu outra enzima, a ADN polimerase II (a primeira enzima que descobriu chamava-se ADN polimerase I ou "enzima de Kornberg"). A ADN polimerase II é uma enzima completamente diferente, mais pequena, sem atividade de 5'-exonuclease e quase 100 vezes menos ativa nas células.

Descobriu-se ainda que, se pegássemos em mutantes sem a polimerase I e II e os observássemos por radioautografia para determinar o local da síntese de ADN, verificava-se que o ADN recém-sintetizado parecia estar ligado a membranas. Uma terceira forma de ADN polimerase (ADN polimerase III) foi isolada da fração membranar. Verificou-se que esta enzima efectua efetivamente a replicação. Além disso, esta enzima é caracterizada pelo facto de formar um complexo estável com a DNA helicase (ou seja, o desenrolar é efetivamente realizado por um complexo proteico). Esta enzima é altamente instável a uma força iónica elevada, que é frequentemente utilizada na purificação de proteínas. A enzima está presente em pequenas quantidades, mas tem uma atividade muito elevada, ou seja, é muito rápida. Outra propriedade especial desta enzima é a sua exatidão e baixa taxa de erro.

Comparação de DNA polimerases. A estrutura do complexo enzimático A síntese do ADN. Origem

É interessante o facto de as polimerases específicas dos vírus cometerem erros mais frequentemente, mas também trabalharem mais rapidamente, enquanto os eucariotas cometem erros menos frequentemente, mas trabalham mais lentamente, pelo que necessitam de pontos de replicação. O terceiro parâmetro que caracteriza as polimerases é a processividade. A processividade das polimerases I e II situava-se algures à volta de alguns milhares de nucleótidos. A processividade da polimerase III não podia ser calculada. A solução para este problema foi encontrada quando se estudou a estrutura da enzima e algumas caraterísticas do seu funcionamento. (Fig. 4.6).

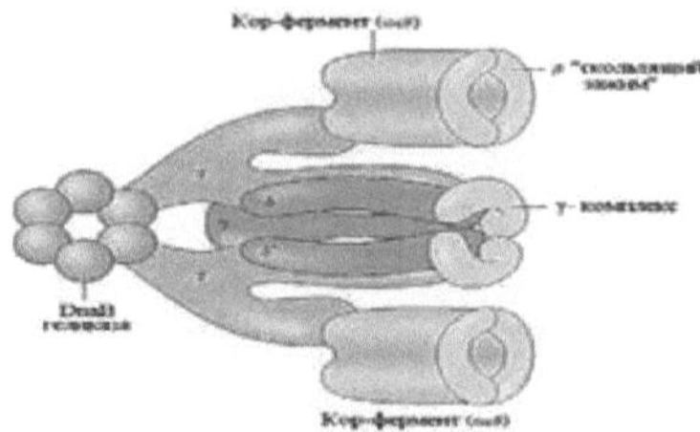

Figura 4.6. ADN polimerase III

A estrutura do complexo enzimático de síntese do ADN inclui várias subunidades que constituem o complexo: o que é considerado uma enzima independente, a helicase (mostrada como um hexâmero que se situa no início, através do qual o ADN passa e se desenrola), subunidades tau emparelhadas que se ligam através da subunidade gama mantêm este complexo e todas as outras subunidades, subunidades delta e gama, são estruturais, definem a montagem, uma estrutura de três subunidades (alfa, épsilon, teta) que podem ser separadas em certas condições e podem catalisar a ligação dos nucleótidos, mas não podem efetuar toda a replicação, além disso, é unida pela subunidade beta.

As subunidades beta diferem das outras proteínas na medida em que têm a sua própria atividade enzimática, que é desnecessária para a síntese de ADN - atividade ATPase. As subunidades beta ligam-se ao ATP e hidrolisam-no em quantidades muito pequenas durante a síntese. Além disso, foi descoberto um fenómeno interessante como um rearranjo da estrutura da subunidade beta (indicada a azul em toda a parte na Figura 3.6) durante a hidrólise do ATP. As duas subunidades normalmente sem ATP formam uma garra que contacta com uma extremidade de cada subunidade. Uma vez ligada, esta estrutura torna-se sensível à ligação do ADN. Quando o ADN chega lá, as subunidades beta fecham-se num anel devido à hidrólise do ATP. Desta forma, o ADN entra na parte da casca da enzima (cor-enzima), onde a segunda cadeia é sintetizada.

A investigação de Cairns, utilizando a autoradiografia, conseguiu provar que a replicação é um processo em que as cadeias parentais se estão simultaneamente a desfazer e a replicar. Cairns obteve ADN radioativo, cobriu-o com uma camada de emulsão fotográfica e deixou-o assim durante várias semanas; durante este tempo, a timidina radioactiva deixou "vestígios" - grãos de prata - na emulsão fotográfica, criando uma impressão fotográfica da molécula de ADN. Estas impressões mostram que o cromossoma intacto da E. coli é uma estrutura única e gigante em forma de anel com 1 mm de comprimento. Além disso, no ADN radioativo isolado das células durante a replicação, foi encontrado um anel adicional. Cairns concluiu que o laço é formado pela formação de duas cadeias filhas radioactivas, cada uma das quais é complementar à cadeia mãe.

De acordo com os dados obtidos por Cairns, ambas as cadeias de ADN se replicam simultaneamente, e várias variantes da sua experiência mostraram que a síntese de ADN começa num ponto estritamente definido, a chamada origem da replicação, e a síntese prossegue em duas direcções - cada lado é operado por um complexo enzimático diferente. O aumento gradual desta parte replicante do ADN acaba por se transformar em dois anéis separados (Fig. 4.7).

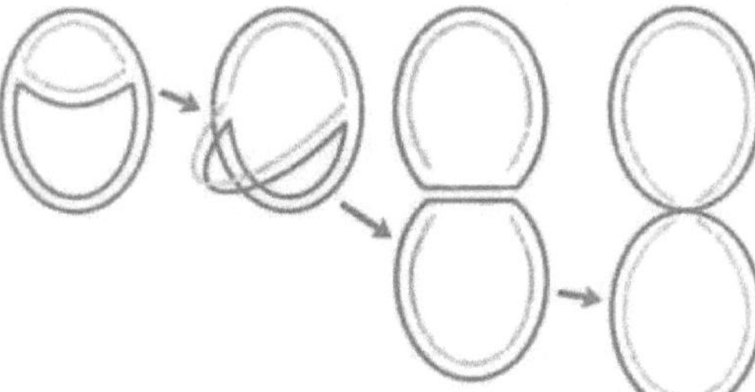

Figura 4.7. Replicação do ADN de E. coli.

5. Replicação de procariotas e eucariotas

Replicação

O princípio mais importante na duplicação do ADN é o princípio da complementaridade (seleção geométrica), a direção da extremidade 5'para a extremidade 3'. As cadeias são antiparalelas, e uma delas continua a alongar-se, caso em que a polimerase III pode formar uma cadeia contínua de milhões de nucleótidos. A segunda é formada como fragmentos individuais de Okazaki. E a síntese de cada fragmento começa com uma semente - uma enzima especial, que consiste em ARN. Porquê a partir do ARN? O início está sempre associado a uma baixa precisão, não há uma fixação rígida do primeiro nucleótido, e há uma probabilidade de erros, pelo que acontece o seguinte: é necessário fazer um primer por um sistema que o possa fazer (e as polimerases de ADN não podem), alongá-lo devido ao trabalho das polimerases de ADN precisas, remover o primer e substituí-lo por nucleótidos de ADN normais. Este problema é resolvido fazendo o RNA primário com muitos erros, ou seja, é fácil de remover, não é muito bom a juntar-se, não é muito longo e tem uma natureza completamente diferente. Para além do facto de a síntese se processar de forma diferente ao longo das duas cadeias, ela processa-se ao longo delas simultaneamente. Isto acontece porque as ADN polimerases têm uma estrutura bastante complexa com dois centros activos. Dois centros - que alongam as moléculas e, quando a síntese começa, uma cadeia diferente de ADN é ligada a cada um deles. A um deles, que é sintetizado continuamente - o filamento principal, e ao segundo - o filamento mais atrasado, que tem de se desdobrar 180° para o fazer. Ao desdobrar-se, uma cadeia suficientemente longa forma um laço, de modo que numa das cadeias a síntese se processa de forma linear e contínua, e na outra cadeia - com a formação de laços que mudam de tempos a tempos (Fig. 5.1).

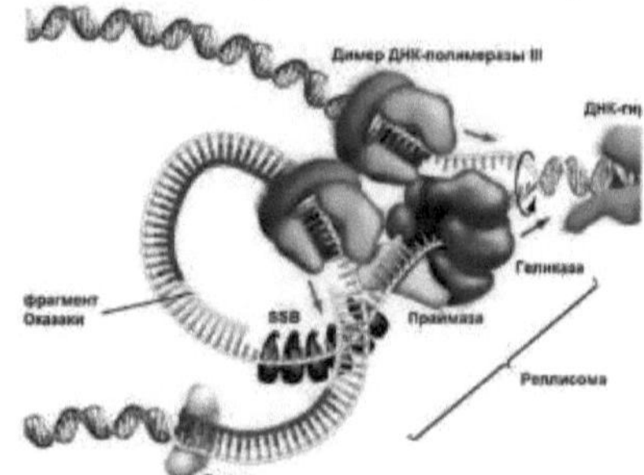

Figura 5.1. Laço de ADN durante a replicação

Esta síntese é efectuada de acordo com o seguinte esquema: a polimerase sintetiza uma nova cadeia e formam-se duas novas cadeias. O ADN matricial, após a polimerase, desdobra-se em duas cadeias - uma cadeia atrasada e uma cadeia principal. A helicase liga-se à polimerase e, ao desenrolar-se, transfere imediatamente a cadeia principal para o centro ativo. Desta forma, o filamento é sintetizado continuamente. O segundo filamento dobra-se e forma-se um laço. Ao longo deste laço, a enzima sintetiza o filamento no sentido oposto, puxando-o, mas o resultado é um filamento retardado que se completa. As proteínas SSB são deslocadas pela polimerase. Desta forma, acumula-se um fragmento Okazaki, que continuará a sua síntese até que a enzima se choque com o fragmento anterior. Ocorrem quebras de fita simples na cadeia de atraso. A polimerase alcança o primer, mas não consegue formar uma ligação com ele e, como consequência, há uma quebra na nova cadeia. A cadeia antiga é contínua. Esta quebra tem de ser fechada. Aqui, em diferentes grupos de organismos, existem pequenas diferenças. A DNA polimerase I é conveniente para completar a síntese. No local de uma quebra de cadeia simples, o inóculo termina numa extremidade 5'com um ou mais grupos fosfato, e o local recém-sintetizado termina numa 3'-hidroxila. Neste sistema, a ADN polimerase I liga-se à 3'-hidroxila, ligando-lhe os nucleótidos. A atividade da exonuclease, que se encontra num domínio separado e que pode ser removida por um movimento gradual, separa o inóculo e substitui-o por nucleótidos de ADN.

DNA ligase, RNase, propriedades e funções

Este processo de quebra de cadeia simples pode durar bastante tempo, pelo menos o inóculo é sempre comido inteiro, depois este processo abranda, mas pode continuar durante algum tempo, e temos uma cadeia de ADN pura, mas não está reticulada e ainda tem uma quebra de cadeia simples. Esta quebra de cadeia simples é reparada por outro sistema enzimático que desempenha atualmente um papel muito importante na biotecnologia e na engenharia genética, que é a DNA ligase. Esta enzima repara as quebras de cadeia simples. No local da ligação cruzada, existe na maioria das vezes um único fosfato. Tem a ligação que é necessária, mas não pode juntar-se ao hidroxilo porque é necessária energia. A fonte de energia, no caso da E. coli (E. coN), é um nucleótido bastante original, o nicotinamida-adenina-dinucleótido (NAD). Os nucleótidos não estão aqui unidos como no ADN e no ARN, mas por grupos fosfato - forma-se uma ligação entre os dois nucleótidos.

dois fosfatos, e esta ligação é uma ligação macroérgica. O NAD (ou, noutros casos, o ATP ou o GTP) interage da seguinte forma: a ligação macroergética, ao quebrar-se, serve para transferir um dos fosfatos da ligação para o hidroxilo, pelo que, em vez do hidroxilo, temos o AMP na extremidade, também ligado através do fosfato, havendo então uma transferência da ligação do AMP para o fosfato. Portanto, não importa qual fosfato está ligado, a energia será praticamente a mesma. A energia da ligação do AMP é gasta na ligação ao fosfato que está ao seu lado. Por fim, o fosfato une as duas partes da cadeia e o AMP solta-se. O caso em que o NAD é utilizado é bastante único, existem provavelmente outras bactérias para além da E. coli, mas em todos os outros casos é normalmente utilizado ATP. Se falarmos de DNA ligases que são efetivamente utilizadas na prática da investigação e na biotecnologia, são sobretudo DNA ligases virais. As DNA ligases são tipicamente fago T4, que utiliza ATP. Embora os nucleótidos sejam diferentes, o mecanismo de reação com ATP e NAD é o mesmo, a única diferença é o grupo de saída (fosfato de nicotinamida ou difosfato de adenosina). Desta forma, as lacunas entre os fragmentos de Okazaki que se formaram são reticuladas. A ADN polimerase remove o iniciador, constrói a "lacuna" resultante e a lacuna de cadeia simples que deixa, devido à especificidade das suas actividades enzimáticas, é suturada pela ADN ligase (Fig. 5.2).

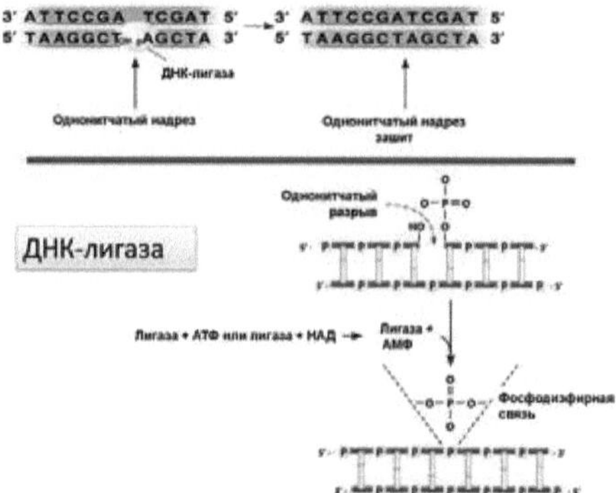

Figura 5.2. Princípio de funcionamento da DNA ligase

A descoberta da DNA ligase e da reação de ligação cruzada ocorreu antes de os mecanismos de replicação do ADN terem sido completamente decifrados, mas já era claro que teria de haver ligação cruzada, ou seja, havia fragmentos de Okazaki. Esta enzima foi isolada depois de ter sido descoberta, e esta enzima isolada revelou-se capaz de fazer a ligação cruzada de duas moléculas de ADN se tiverem uma quebra de cadeia simples, independentemente do que seja, de onde seja e de onde tenha vindo esse ADN, ou seja, a enzima consegue fazer a reação num tubo de ensaio. A engenharia genética começou com a produção desta enzima. Com estas enzimas é possível fazer a ligação cruzada de vários fragmentos de ADN estranho, fazer construções artificiais, e as construções artificiais podem ser capazes de suportar a replicação do ADN em algumas células estranhas. Para que a enzima faça a ligação cruzada, é necessário que haja uma quebra de cadeia simples. Mas nas fases iniciais da engenharia genética, os fragmentos eram produzidos principalmente pela atividade de enzimas chamadas restrictionases de classe dois, que apenas produziam essas quebras se se juntassem as peças cortadas. Isto revelou-se muito útil e muito conveniente para juntar apenas esses fragmentos específicos obtidos pelas restrictases. A seguir, outra coisa ficou clara. A ligase pode fazer a ligação cruzada não necessariamente num sistema em que existe uma cadeia matriz, que são dois fragmentos separados. Pode fazer a ligação cruzada de qualquer ADN de cadeia dupla que se encaixe de ponta a ponta, mas demorará mais tempo porque as extremidades não estarão fixas, e a enzima fica na extremidade especialmente preparada para ela, e é necessário fazer a ligação cruzada utilizando uma concentração mais elevada de enzima. Quando a enzima se tornou razoavelmente disponível, começaram a adicionar muito mais do que faziam para as quebras de cadeia simples, e depois começaram a fazer ligações cruzadas de extremidades rombas.

A DNA polimerase I de E. coli é um caso único e outras enzimas não têm atividade de 5'-exonuclease, pelo que surge o problema de como remover o inóculo nestes casos. Verifica-se que existe outra enzima nas células para remover o inóculo. Chama-se RNase-H (RNase-"ash"). Da última vez dissemos que existem endo- e exonucleases, DNAases, RNases, ou seja, nucleases com especificidades muito diferentes. A Nuclease-N é única na sua especificidade. É uma RNase - cliva o ARN. Actua principalmente como uma exo-nuclease, clivando o RNA a partir da extremidade, embora também possa clivar no meio. E o mais interessante é que não hidrolisa o ARN livre. Não hidrolisa o ARN de cadeia dupla, que os vírus têm. Só hidrolisa o ARN se este formar uma estrutura complementar de dupla hélice com a cadeia de ADN. Hidrolisa o ARN em híbridos de ADN-ARN. Se houver um produto de replicação sob a forma de fragmentos de Okazaki com inóculo de ARN, a RNase-H fica nesse local e começa a separar nucleótidos e chega ao ADN, mas como é uma RNase, não vai mais longe. O resultado é uma lacuna, e a DNA polimerase I de outros organismos que não têm atividade de exo-nuclease ou outra DNA polimerase no caso dos eucariotas, que se senta nesse local e começa a adicionar nucleótidos. Chegará ao fim da lacuna e deixará uma lacuna de cadeia simples onde uma DNA ligase se juntará e coserá a lacuna. Assim, a ligase funciona da mesma forma, mas em vez da DNA polimerase I da E. coli, todos os outros organismos têm duas enzimas: a RNase-H, que actua em praticamente todas as células que replicam o ADN, e a DNA polimerase, que fecha as lacunas que se formam. Existe outra forma de remover o inóculo. Existe uma forma especial de DNA polimerase nas células eucarióticas que pode, ao sentar-se num local com RNA, não hidrolisar o local, mas empurrar o local para longe porque a sua energia de movimento é bastante forte. A polimerase empurra para trás, quebrando as ligações de hidrogénio dessa secção da cadeia. As nucleases não específicas quebram então o ARN.

O ADN dos procariontes é circular. O ponto a partir do qual a replicação se processa nos dois sentidos situa-se num determinado local da membrana, e neste ponto é montado um complexo proteico: proteínas que reconhecem o ponto de replicação e que o reorganizam de uma determinada forma. As proteínas reconhecem determinadas sequências, ligam-se a elas e provocam a desnaturação do ADN e a formação de um sítio de cadeia simples - isto é fácil de fazer quando o ADN está intacto porque está negativamente super-helicalizado. Duas RNA polimerases estão ancoradas neste ponto com um complexo de proteínas auxiliares, havendo assim duas entradas: o ADN entra através da helicase num centro ativo onde a replicação tem lugar, e o mesmo acontece com a segunda parte. Verifica-se que as duas alças ligadas se encontram no mesmo ponto, onde se situa a "máquina de replicação". É importante notar que, contrariamente à terminologia, são as polimerases que são fixas e o ADN é móvel. Devido ao facto de a replicação se efetuar em ambos os sentidos, cada cadeia é tanto principal como secundária, as duas extremidades acabam por se encontrar e podem ser reticuladas pela DNA ligase.

Falando de replicação, vale a pena determo-nos nas peculiaridades dos eucariotas. Os procariotas têm normalmente uma molécula circular, com um ponto de partida e um ponto de chegada na extremidade oposta. A taxa de replicação não pode ser demasiado rápida. Porque assim ocorrem erros. Por este motivo, os procariotas têm uma reprodução retardada e, quando as bactérias se reproduzem rapidamente, o tempo de replicação do cromossoma em anel da bactéria é superior ao tempo do ciclo celular. Ou seja, na E. coli, a divisão ocorre uma vez a cada 20 minutos, mas a replicação ocorre uma vez a cada 30 minutos. A replicação, tendo começado num local, prossegue a partir do ponto de replicação, mas existem vários pontos na célula. E quando há uma parte do ADN que já sofreu replicação nestas novas moléculas, os pontos de replicação estão na posição intermédia do trabalho desta máquina, estes pontos estão ligados a outras fábricas de replicação, e o segundo ato de replicação começa antes de o primeiro estar concluído. Acontece que o anel de cadeia dupla é ligado neste ponto à fábrica de replicação e a replicação começa. Ao fim de algum tempo (a fábrica de replicação fica sobre a membrana), o ADN de cadeia dupla não replicado entra por ambos os lados e saem dois ADN de cadeia dupla de cada lado, que depois se fecham. No local onde a replicação começa, um centro de replicação assenta sobre eles, pelo que não existe um centro de replicação, mas sim três. No EM pode ver-se primeiro o aparecimento de um olho, o olho aumenta, o resto encolhe. Aparecem novos buracos no local de replicação do novo ADN. Há uma divergência de dois anéis que estão meio replicados. Assim, a velocidade de replicação do ADN neste caso não é medida pela velocidade de um único centro, mas pela velocidade de vários centros que trabalham simultaneamente: um trabalha para a divisão celular mais próxima, e os outros - para as subsequentes (Fig. 5.3).

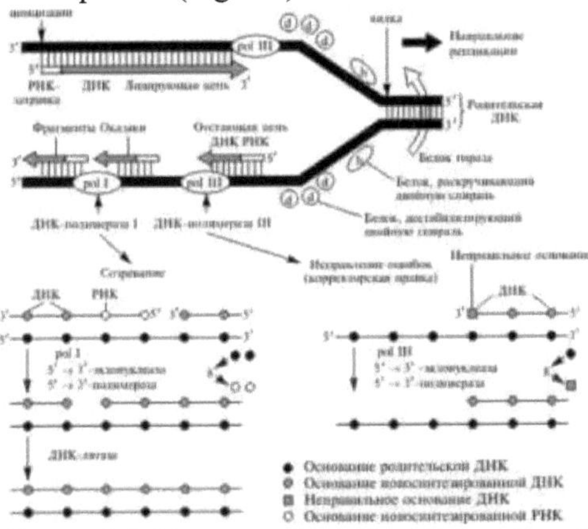

Figura 5.3. Esquema de replicação em E. coli

Os eucariotas têm uma caraterística diferente. A sua molécula de ADN é nuclear - linear. Além disso, o ADN é muito grande (dezenas de milhões, centenas e milhares de milhões de pares de nucleótidos). Os eucariotas têm um mecanismo de distribuição dos produtos de replicação - a mitose. Por conseguinte, a replicação não ocorre continuamente, mas num determinado período S (1/10-1/20 do ciclo celular - cerca de uma hora).

As polimerases do ADN eucariótico replicam-se com mais precisão, mas mais lentamente. E isso é um problema. Há duas maneiras de o resolver: aumentar a atividade da enzima, mas isso aumenta o número de erros. Então, a segunda maneira: ocorrência de sítios de replicação repetidos antes de a replicação estar completa. Os eucariotas criaram múltiplos sítios de replicação em cada molécula de ADN. Os eucariotas também têm sítios com proteínas complexas que realizam a replicação, fábricas de replicação, também contêm enzimas que desenrolam o ADN, sintetizam o inóculo, realizam a replicação. Apenas estes complexos estão ligados na molécula não num único local, mas em dezenas ou centenas de locais. Como resultado, obtemos uma molécula de um determinado comprimento com vários locais da mesma sequência para que as enzimas possam reconhecê-los, uma fábrica de replicação é anexada a cada um deles - a replicação começa. Após algum tempo a partir do ponto, uma porção em qualquer direção replica-se, e segue-se um sítio não replicado - e assim por diante. Cada sítio replica-se a uma taxa pequena, mas o tempo total de replicação é observável. Estes sítios encontram-se então. Em vez de fragmentos Okazaki, são produzidas grandes quebras de cadeia simples. Não existe um local de encontro específico como nos procariotas. A ligação cruzada também ocorre pela DNA ligase da mesma forma que nos procariotas (Fig. 5.4).

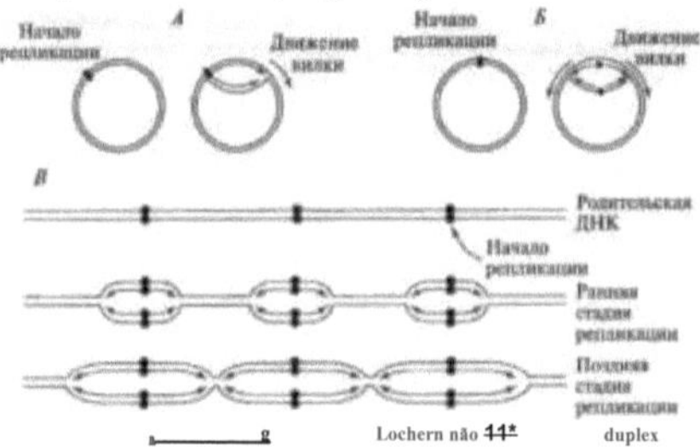

Fig. 5.4. Direção da replicação: A - replicação unidirecional numa molécula de ADN circular, B - replicação bidirecional numa molécula de ADN circular, C - replicação bidirecional múltipla num cromossoma eucariótico (po)l.irepl.11co)11).

O problema da replicação terminal nos eucariotas. Telómeros, telomerase

Deve notar-se que em cada local a replicação ocorre de acordo com o mesmo esquema que nos procariotas - em duas direcções diferentes, uma cadeia é a cadeia contínua principal e a segunda cadeia é a cadeia retardada, sob a forma de fragmentos Okazaki com primers de ARN. Os primers de ARN são removidos quer pela polimerase, que os desloca, completando-os, quer pela RNase-H, muitas vezes ambas trabalhando em conjunto. Há outro problema com a linearidade do ADN. Se uma molécula é linear, tem o problema da replicação de ponta a ponta. Esta replicação resulta em regiões de cadeia simples sub-replicadas, 5'-ends, nas extremidades da molécula. E este é o fragmento Okazaki sub-replicado. No próximo ato de replicação, será construída uma cadeia complementar, mas será mais curta, porque a replicação não prosseguirá na extremidade quebrada. Como resultado, a cada novo ato de replicação, a cadeia será encurtada gradualmente a partir de cada extremidade. Isto representa uma perda de cerca de 200 nucleótidos. No pior dos casos, isto ameaça a perda de caraterísticas hereditárias (um gene tem cerca de mil nucleótidos) e a morte final da célula. E aqui devemos recordar a estrutura do cromossoma. Na mitose, este tem telómeros. Estes são secções de cromatina mais densamente compactadas nas extremidades. De acordo com os dados de EM, não são apenas densamente compactadas, são compactadas de forma diferente das regiões centrais. Acontece que as extremidades dos cromossomas na maioria dos eucariotas são representadas por sequências repetitivas - e muito específicas. Estrutura assimétrica de um elemento repetitivo: numa cadeia A e C, na outra - G T. Esta sequência foi determinada na levedura. E nessa altura, a engenharia genética dos eucariotas estava apenas a começar a desenvolver-se. E é muito fácil introduzir ADN nas leveduras, quebrando enzimaticamente a sua casca. Depois disso, elas absorvem o ADN muito facilmente. As repetições relativamente simples que as leveduras tinham podem até ser sintetizadas quimicamente. Fizeram o seguinte: combinaram essas repetições com ADN bacteriano estranho, introduziram-nas na célula de levedura e adicionaram a sequência de levedura necessária para a replicação. Foi introduzido sob a forma de um plasmídeo bacteriano em anel, porque não havia material suficiente, esta molécula em anel foi multiplicada na

bactérias, isoladas a partir daí e implantadas em células eucarióticas de levedura. Esperava-se que a levedura também tivesse uma molécula terminal, e que proteínas específicas se sentassem nos sítios terminais teloméricos. Mas isso não aconteceu: as proteínas específicas assentam, mas a molécula não é circular. Ou seja, dentro da levedura, essa repetição múltipla foi cortada em duas metades e encurtada (havia três repetições de cada lado, e todo o excesso foi retirado). A seguir, começaram a fazer seis repetições, e a molécula foi cortada exatamente nesse ponto. Assim, surgia uma molécula linear na levedura e, se tudo o que lá estava ainda se complementava com o que era necessário para a replicação, montava-se um pequeno cromossoma normal. Isso foi muito utilizado. Porque nesse pequeno cromossoma podia-se inserir muito ADN. ADN estranho, e este replicar-se-ia na levedura e existiria como um cromossoma extra. Descobriu-se que a levedura regula o número de repetições nas suas extremidades. E se cosermos um grande número de repetições nas extremidades, e se cosermos um grande número num anel, elas cortam, cortando apenas o excesso. Se não houver excesso, cortam ao meio e ficam com dois telómeros. Se a levedura corta o excesso, então esse excesso aparece. Este extra é sintetizado pela enzima telomerase, que funciona segundo o princípio. Contém uma molécula de ARN complementar à sequência do telómero. Atrás da extremidade 3'do ADN, que terminou, temos uma sequência de ARN adicional, que serve de matriz para a telomerase ligar os nucleótidos seguintes à extremidade 3'. A telomerase depois de ter sintetizado o que podia, retira o ARN, o ARN separa-se da matriz e depois a parte que está no início do centro ativo junta-se a uma ou duas repetições já sintetizadas. Ao deslocar-se por estas repetições. Obtém-se novamente um grupo 3'-ON, que é livre, e que tem uma matriz que pode ser ligada. Assim, ao deslocar gradualmente a matriz de ARN, que faz parte dele e é sempre complementar por causa das repetições, vai sintetizar um certo número destas extremidades. Há uma limitação. A levedura deixa apenas três repetições de cadeia dupla de cada lado. As repetições de cadeia dupla aparecem por si só. Após a ação da telomerase, surge uma longa região de cadeia simples. É-lhe aplicado um primer e é sintetizado ADN que continua a cadeia. Como resultado da multiplicação das sequências teloméricas, surge uma longa secção, na qual a segunda cadeia é parcialmente completada. De seguida, na levedura, o excesso é cortado, deixando apenas esta porção de cadeia dupla com um determinado comprimento. A maioria dos outros organismos não tem um processo de corte do excesso. Fazem um pedaço de cadeia simples bastante grande, sintetizam parcialmente a segunda cadeia, e a parte específica de cadeia simples é dobrada. Normalmente, são sintetizados G-C e A-T, mas pode ser diferente. Neste caso, podemos considerar as guaninas, que formam dois pares de ligações de hidrogénio de duas maneiras. A Estas formas levam ao facto de uma guanina poder ser ligada a uma guanina por duas guaninas de ambos os lados. Assim, forma-se uma tétrade de guanil. Ela ocorre quando a parte de fita simples, onde não há telomerase, começa a se dobrar, e uma guanina se junta à outra. Quando há muitas, elas se torcem em uma cadeia reforçada por essas tétrades de guanina. Certas proteínas ligam-se a estas tétrades que as estabilizam e protegem. Assim, esta extremidade de cadeia simples

está bem protegida, não é quebrada pelas nucleases - elas simplesmente não chegam lá. Assim, durante a existência do ADN antes da replicação, a estrutura é estável devido a estas proteínas. Assim que a replicação começa, as proteínas voam, a telomerase entra em ação e alonga a cadeia por uma determinada secção em cada ciclo. E o telómero

como se vê, não diminui, mas também pode aumentar (Fig. 5.5).

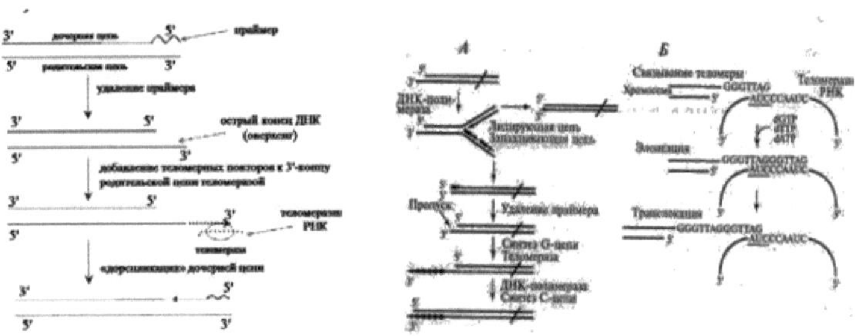

Figura 5.5. Telomerase

Envelhecimento celular relacionado com a telomerase

Existe um fenómeno. As células animais especializadas, capazes de se dividir, dividem-se em média 10 vezes e depois morrem, independentemente do seu estado. Supõe-se que isto se deve ao facto de a telomerase não funcionar nestas células. E, de facto, elas não têm telomerase. E as células cancerígenas têm telomerase, pelo que estas células são imortais, enquanto os fibroplastos, que isolamos de tecidos vivos, podem dar dez gerações de divisão, após as quais morrem. Na maior parte das vezes, morrem mais cedo, porque há fibroplastos no corpo que já se dividiram várias vezes. Mas, de qualquer modo, há este fenómeno, e foi ligado à telomerase, que a ausência de telomerase torna impossível o alongamento das extremidades, e dez divisões é mais ou menos a redução de tamanho que leva à perda de áreas vitais. Daí a ideia de que, se conseguíssemos fazer com que a telomerase funcionasse nas células, tornaríamos efetivamente as células imortais, impediríamos o envelhecimento do corpo e, se conseguíssemos aprender a inibir a telomerase, poderíamos aprender a curar o cancro. Mas verificou-se que nenhuma destas coisas está completamente errada. O que refuta esta afirmação é o seguinte: um ser humano pode agora viver 70 anos, apesar de não ter telomerase, e um rato vive um ano e meio, apesar de ter telomerase ativa em todas as células. As tentativas de forçar a formação da telomerase através da inserção de um gene específico em culturas de células somáticas produziram resultados quando estas ultrapassaram a barreira das 10 divisões, mas para além disso, uma vez ultrapassada a barreira, começaram a adquirir alterações caraterísticas das células tumorais. De facto, fazer aparecer a telomerase em todas as células e obrigá-la a ultrapassar o tempo de vida das linhas celulares poderia conduzir ao cancro.

Elementos móveis. Replicação através de um esquema de fim de curso

Por falar em reparação dos telómeros, há mais uma coisa que vale a pena mencionar. Nos insectos e, aparentemente, noutros artrópodes, o mecanismo de reparação das sequências terminais é diferente. Baseia-se nos chamados elementos móveis. Não se trata tanto da estrutura do ADN, mas sim da estrutura do genoma. No organismo, em quase todas as células, existem certas sequências que não são particularmente funcionais, mas que são mantidas pela reprodução e se deslocam pelo genoma. Estas sequências são designadas por elementos móveis. Foram descobertos pela primeira vez em bactérias. Descobriu-se que eram transposões úteis nas bactérias, ou seja, à medida que se deslocavam de célula para célula, transportavam as funções ainda importantes de resistência aos antibióticos. Por estas funções foram descobertos pela primeira vez. Existem muitos transposões diferentes. A presença de elementos móveis está presente em todos os organismos, há muitos deles, alguns originários de vírus mutantes que entraram na célula, incorporados no genoma, mas não conseguiram formar uma partícula viral. Temos cerca de metade de todo o ADN para este tipo de sequências. Os insectos têm elementos que se deslocam com bastante regularidade da parte central do cromossoma para a periferia. Descobriu-se que, na mesma Drosophila, a extremidade dos cromossomas está associada à presença de 4 sequências móveis diferentes que se movem não aleatoriamente, mas para determinados pontos, e cada uma delas encontra esse ponto noutra sequência, e parecem estar embutidas umas nas outras, por sua vez. Quando um determinado pedaço desaparece devido a uma sub-replicação, é compensado pelo facto de um outro gene - que é precisamente um elemento móvel - ser construído um pouco mais longe. Embora tenham telómeros nos seus cromossomas.

Alguns vírus e plasmídeos transmissíveis de procariotas têm outro tipo de replicação - a replicação em anel rolante. Neste caso, existe um sítio especial de iniciação da replicação, que, ao contrário da replicação normal, não é desenrolado, mas onde uma das cadeias é cortada. O ponto de início da replicação é ori. Mas, no caso dos plasmídeos (uma vez que são transmissíveis), chama-se ori T (da palavra "1pp^psh1o11" - movimento). Uma proteína especial codificada por esta bactéria ou vírus reconhece este local e fica lá, quebrando uma cadeia, fazendo-o da mesma forma que a topoisomerase quebra uma cadeia - liga-se covalentemente ao local em vez de o quebrar simplesmente. A DNA polimerase liga-se à outra extremidade da quebra e começa a alongar a extremidade, e a extremidade ligada à proteína é empurrada para trás. O crescimento é a extremidade 3'e o recuo é a extremidade 5'. Uma segunda cadeia começa a formar-se na cadeia puxada para trás, e a enzima pode fazer um círculo completo - o ADN que forma a segunda cadeia será feito de novo, por assim dizer. A polimerase passa para a ronda seguinte. Uma proteína desprende-se, ligando a nova secção sintetizada

num anel. Nos vírus, este anel corta-se quando a síntese termina, mas os plasmídeos não. Os plasmídeos transmissíveis arrastam esta extremidade de ADN resultante para uma célula vizinha. Por isso, existem proteínas codificadas no genoma desse plasmídeo que se ligam a essa
Quando uma célula infecta uma outra célula que não tem esse plasmídeo, forma canais entre elas e puxa esse ADN através desse canal. Desta forma, uma célula infecta a segunda célula com o seu ADN. É evidente que o plasmídeo é pequeno, vai transferir-se inteiramente para lá e, regra geral, estes plasmídeos transmissíveis fazem exatamente isso, sendo que estes últimos transportam normalmente os genes responsáveis pela própria transferência. Se a transferência for interrompida por algum motivo, não haverá plasmídeo viável no seu interior. Isto deve-se a um fenómeno interessante chamado processo sexual nas bactérias, que não tem nada a ver com o processo sexual nos eucariotas (Fig. 5.6).

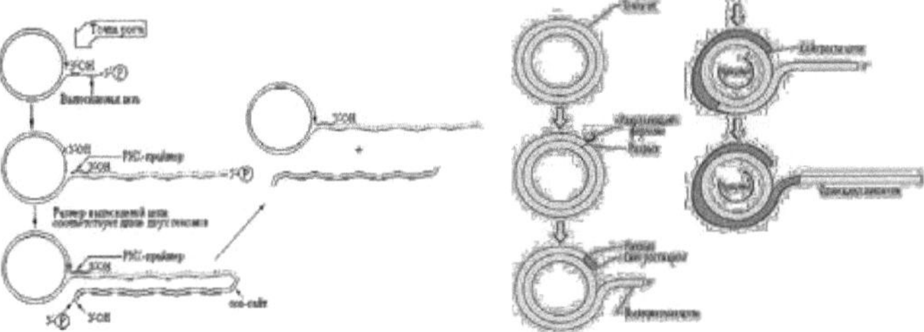

Figura 5.6. Replicação do tipo anel rolante

CAPÍTULO 6

6. recombinação de ADN

Para além da replicação do ADN, existe também um processo de recombinação, que consiste na troca de duas moléculas de ADN em locais específicos. A tarefa é criar algo novo a partir de um conjunto antigo de determinados alelos de genes. Este processo resulta numa variabilidade combinatória. O tipo mais comum de recombinação é a troca de sítios homólogos (sítios com sequências semelhantes que transportam os mesmos genes, mas que diferem em nucleótidos específicos e, portanto, codificam proteínas diferentes). Essas formas alélicas são complementares no seu comprimento principal (Fig. 6.1).

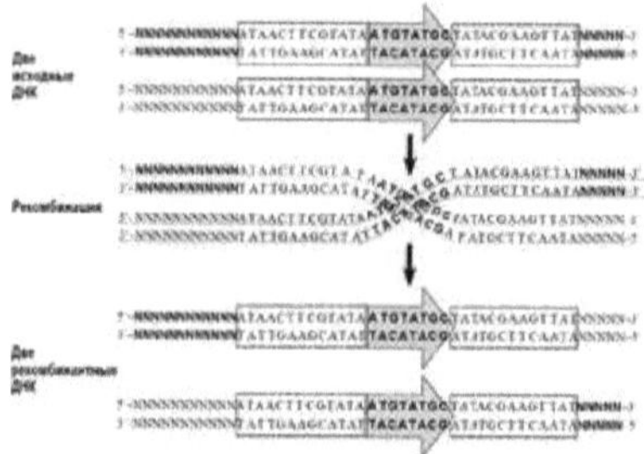

Puc. 6.1. Recombinação

Escherichia coli Genes Rec, plasmídeos transmissíveis

Verificou-se que certas mutações nos organismos perturbam a recombinação: pioram-na ou melhoram-na, mais frequentemente perturbam-na. Estes genes são estudados principalmente na Escherichia coli e, a partir da palavra recombinação, receberam a designação de Rec. Têm uma estrutura cruciforme onde existem duas entradas e duas saídas. As duas cadeias complementares vão, em algum momento, se desenrolar e se ligar a outra molécula de outro par. Nos híbridos, as sequências não estão perfeitamente combinadas, existem mutações. Assim, é possível, numa molécula de ADN, substituir uma variante alélica por outra variante alélica. Esta estrutura é dinâmica. Se algumas extremidades da diagonal são comprimidas e outras são esticadas, o ponto no meio - o meio quiasma - pode mover-se através do ADN. O processo não depende de energia porque as ligações entre as partes são preservadas. O movimento ocorre ao longo de distâncias bastante longas - estes serão os locais onde a troca ocorre (Fig. 6.2).

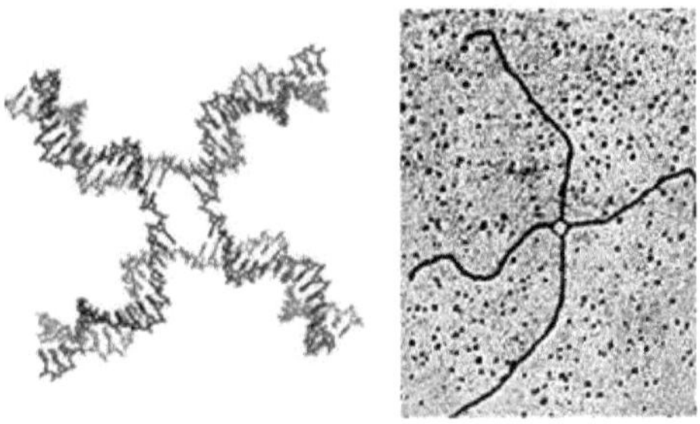

Figura 6.2. Recombinação homóloga. Direita: esquematicamente, esquerda: imagem de microscópio eletrónico

A E.coli, por exemplo, tem um sistema de genes Rec, existe o gene RecA, que codifica uma pequena proteína com o mesmo nome que tem várias actividades. Em primeiro lugar, liga-se ao ADN de cadeia simples. Apresenta-se sob a forma de dímeros e tetrâmeros e reveste o ADN de tal forma que este apresenta uma conformação em hélice - uma cadeia é torcida numa sequência correspondente de dupla hélice. Isto é possível devido ao facto de, para além dos tradicionais pares Watson-Crick, também se poderem formar pares em que a purina é perpendicular à pirimidina, sendo assim reconhecida por duas pirimidinas de ambos os lados. A cadeia suplementar liga-se assim ao local da cadeia dupla e começa a deslocar uma das cadeias, formando o ADN híbrido. Trata-se de um processo dependente de energia: RecA gasta ATP para efetuar este processo, pelo que existe a possibilidade de substituir a sequência na cadeia de ADN antiga pela nova correspondente, se não houver uma correspondência completa, e obter uma nova forma do gene (Fig. 6.3).

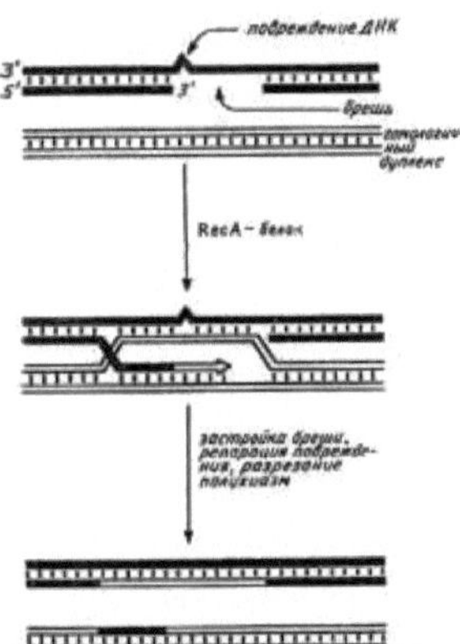

Figura 6.3. Mecanismo de ação do RecA

Um complexo de três proteínas: RecBCD liga-se à extremidade do ADN -

onde este é quebrado. Nos procariotas, normalmente é sempre circular. Se houver uma quebra, o complexo fica na quebra. Se não houver quebra, fica em qualquer sítio do ADN e espera que o ADN se funda. Depois, surge uma bifurcação, como no caso da ADN polimerase, que se move (dependendo da energia) e o ADN atrás dela volta a fechar-se. Passado algum tempo, o movimento pára e a bolha que se formou migra juntamente com o complexo RecBCD. Este não migra indefinidamente: uma das subunidades reconhece uma sequência de ADN estritamente específica. Esta sequência é designada por

Sítios "Hi" (ehi). Verificou-se que os sítios "Hi" coincidem com pontos quentes de recombinação, ou seja, sítios onde ocorre frequentemente troca. No lado oposto do RecBCD, o RecA começa a sentar-se, fechando gradualmente este fio e impedindo que a bolha formada se feche. A segunda linha começa a procurar outro sítio. Uma vez encontrado esse sítio, forma-se um heteroduplex: um ADN duplamente helicoidal em que as cadeias têm origens diferentes, embora a sequência seja semelhante. Este processo de migração de cadeias leva à formação de uma hélice simples maior, que começa a interagir com a cadeia que é deslocada do complexo. Surge um semiquiasma, que começa a migrar sem o RecBCD, e assim a troca ocorre em áreas bastante extensas (Fig. 6.4).

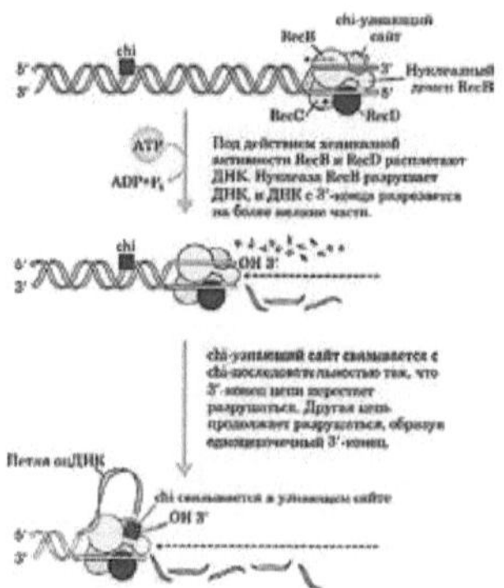

Figura 6.4. Mecanismo de ação do RecBCD

As bactérias *têm* um cromossoma, e se a replicação do ADN não tiver ocorrido,

ele é trocado por plasmídeos transmissíveis. Estes são pequenas moléculas circulares de ADN que codificam várias proteínas, para transportar o ADN para dentro da célula. Ele é transportado através da replicação por um mecanismo de anel rolante. Estas proteínas estão dispostas de forma a poderem ser transferidas para outra célula, mas para isso é necessário que as células se aproximem umas das outras. Entre as proteínas codificadas nos plasmídeos transmissíveis estão as proteínas que codificam as chamadas pilinas - proteínas especiais que formam pequenas protuberâncias na superfície das células bacterianas (pili). Uma célula com um pili adere a outra célula e, entre elas, a parede celular é lisada numa pequena área e o citoplasma é unido. Alguns dos substituintes que se encontravam na célula dadora são transferidos. Esta estrutura foi encontrada pela primeira vez na E. coli sob a forma de um grande ADN circular. A proteína que codifica, que desencadeia a replicação do anel rolante, pode reconhecer não só a sequência deste plasmídeo, mas também um ponto do cromossoma bacteriano. Ao reconhecê-lo, começa a fazer a mesma coisa ao cromossoma. Ocorre uma rutura, é sintetizada uma segunda cadeia e a cadeia de separação sai com a proteína a ela ligada para uma célula vizinha. Neste caso, o plasmídeo é um dador não do seu próprio ADN, mas do ADN cromossómico. O ADN cromossómico começa a ser transferido a partir de um determinado ponto, é grande, por isso demora muito tempo a ser transferido, normalmente todo o ADN é completamente transferido em 90 minutos. Dito isto, se não houver processo de transferência, as células estão apenas a crescer, dividem-se a cada 20-30 minutos. Conseguimos obter um mapa completo da E. coli com todas as proteínas. A sequenciação posterior do genoma completo confirmou que, de facto, existem determinados genes, agrupados em determinados grupos, e a sua disposição corresponde ao que foi determinado geneticamente. Este processo nas bactérias, em termos de mecanismo, não é um processo sexual - não é a junção de dois genomas. É uma infeção - uma célula infecta outra célula com o seu ADN. A transferência de ADN pode também capturar o próprio plasmídeo que contém o conjunto de proteínas para transferência, e este plasmídeo é transferido mais rapidamente, a proteína funciona melhor com ele do que com o cromossoma.

Estirpes com elevada frequência de recombinação

Há estirpes com uma elevada taxa de recombinação - Hfr (high), e quando a estirpe transfere o seu ADN para a célula recetora, nunca transfere virtualmente o próprio plasmídeo, porque acontece que o plasmídeo está como que incorporado no cromossoma da célula. Este plasmídeo foi designado por fator F. Verificou-se que o plasmídeo e o cromossoma têm secções idênticas, graças às quais se inicia a transferência para outra célula, mas as quebras podem levar a ligações cruzadas das moléculas: forma-se um cromossoma ligado ao fator F. O cromossoma é então transferido por meio de uma ligação entre o plasmídeo e o cromossoma. O cromossoma é então transferido com a mesma frequência que o fator F, e é sempre transferido, o que significa que o cromossoma é transferido rapidamente. Também é conveniente que o recetor continue a ser o recetor, porque a quebra ocorre num local diferente e todo o cromossoma é transferido, mas não o fator F, pelo que outra coisa pode ser transferida para o recetor. É isto que está envolvido na recombinação após a troca de ADN nas bactérias.

Recombinação em eucariotas. Recombinação homóloga

Nos eucariotas, a recombinação é intensa na meiose, na primeira prófase da meiose, quando os cromossomas formam pares e as regiões homólogas se aproximam, se cruzam, e se efectuam essas trocas entre eles. Falando sobre esses processos, vale a pena notar que há duas variantes do que vai resultar: há duas moléculas de ADN homólogas. Para iniciar o processo de recombinação, ocorre uma quebra e as duas cadeias são cruzadas, ou seja, a proteína RecA cria efetivamente essa estrutura - forma-se um semiquiasma, que pode ser reticulado, ou pode começar a migração da reticulação ao longo da molécula, e depois as ligases reticulam a quebra. Obtém-se uma estrutura em que uma molécula de ADN - uma cadeia está inteira, e a segunda é representada por dois fragmentos, e entre eles há fragmentos de outra cadeia, e exatamente o mesmo na segunda molécula de ADN.

As moléculas procuram a posição com a energia mais baixa, pelo que começam a rodar, pelo que duas cadeias rectas são dobradas e duas cadeias cruzadas são endireitadas - esta estrutura é designada por estrutura Holiday. De seguida, esta estrutura Holiday tem de ser cortada. O processo pode seguir dois caminhos. Pode ser cortada horizontalmente, não ao longo das cadeias, mas entre elas, ou verticalmente. O corte horizontal resulta num fragmento inteiro e num segundo com uma quebra que contém um fragmento complementar à cadeia que estava originalmente emparelhada com ele, o mesmo fragmento na outra secção e um pequeno fragmento incorporado da cadeia oposta. Do outro lado do corte, a situação é semelhante. Assim, as secções intermédias foram trocadas. Além disso, as lacunas serão suturadas e obter-se-ão moléculas com inserções de sequência não idênticas (Fig. 6.5).

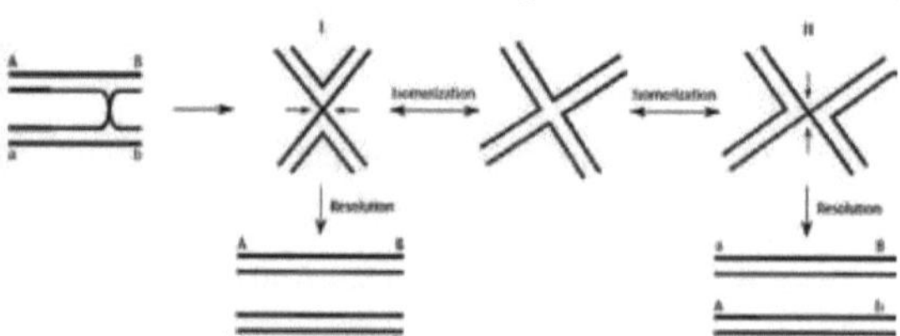

Figura 6.5. Estruturas de férias

Se o corte for no plano vertical, o fio que era contínuo - não rasgado no início - partir-se-á. E com ele no complexo ficará o fio que ia como fio lateral - como resultado, o fio onde se deu a reticulação será uma base contínua, e o fio complementar será constituído por duas partes - de uma e de outra molécula. Neste caso, a extremidade é trocada. Pode haver várias trocas deste tipo e, como resultado, pode acontecer que a extremidade não tenha mudado, mas o meio tenha mudado de qualquer forma. Quase todas as secções podem ser trocadas desta forma. Mas quanto mais próximos estiverem os sítios, menor é a probabilidade de troca entre eles.

Em caso de troca de sítios, ocorre um heteroduplex no meio e esta célula é reparada. Se a reparação for aleatória, então ambas as cópias permanecem uniformemente, como resultado, se houver poucas sequências (por exemplo, duas), uma das cópias pode desaparecer, porque cada cadeia é complementada por uma complementar.

alienígenas, produzindo assim moléculas idênticas. Este fenómeno é designado por conversão genética - a transformação de uma forma de genes noutra.

No caso da troca de extremidades, a área que sofre reparação é pequena e normalmente não é muito significativa, pelo que não há perda de qualquer forma de genes nessa zona. Nos eucariotas, a troca é complicada pelo facto de o ADN estar na cromatina, mas por outro lado simplificada porque existem proteínas na cromatina que podem ajudar a manter essas estruturas durante bastante tempo. Enquanto que nas bactérias a migração e o corte dos filamentos demoram minutos, a prófase I da meiose dura dias e, durante todo este tempo, os cromossomas parecem estar próximos e mantidos juntos. Há outras peculiaridades neste processo nos eucariotas. Para que a recombinação ocorra, é necessário que as sequências se encaixem bem também em comprimento. Se se tratar de um pequeno ADN nu de uma bactéria, então a mesma proteína RecA que move a cadeia e a aplica pode encontrar um local onde existe complementaridade, e será fixada simplesmente devido à formação de ligações mais fortes. Mas nos eucariotas é muito mais complicado, porque a cromatina, com um grande número de proteínas, complica estes processos. E quando a preparação para a divisão começa na prófase da meiose, o cromossoma começa a condensar-se, ou seja, o empilhamento ainda está compactado. Como é que os cromossomas encontram sítios complementares a distâncias tão grandes com uma precisão de quase nucleótidos? Presumivelmente, duas coisas desempenham um papel aqui. Uma: existem sequências altamente repetitivas (ADN satélite). Estas são sequências relativamente curtas, mas não perfeitamente repetidas. Os blocos H que contêm 6-810 nucleótidos podem ser repetidos dezenas de milhares de vezes e podem mesmo formar uma estrutura em blocos em alguns locais. Os tipos de sequências deste tipo e a sua disposição mútua são diferentes em todo o lado. O segundo ponto importante é que, antes de entrar na meiose, ocorre a replicação do ADN nas células, tal como no caso de entrar na mitose, mas nas células mióticas o ADN não é replicado até ao fim, permanecendo uma quantidade de ADN não replicado espalhado por todo o seu comprimento. É provavelmente assim que, na meiose, os cromossomas ficam com secções idênticas umas às outras.

Recombinação específica do local

Outro mecanismo de recombinação: a recombinação específica do local. Os primeiros estudos foram feitos numa bactéria de um vírus, nomeadamente o Bacteriófago lambda. Trata-se de um vírus da E. coli que é bastante agressivo. Ao atacar uma célula, destrói-a num curto espaço de tempo. Várias dezenas de novas partículas são produzidas e infectam as células seguintes. A estrutura do vírus é bastante complexa, o seu genoma é médio - 43 mil pares de nucleótidos. Neste genoma, as extremidades são repetitivas. Esta estrutura é coberta por proteínas, deixando a célula, liga-se a uma nova célula, destrói a sua concha e o ADN penetra no seu interior. E verificou-se que, se esse fago for cultivado durante muito tempo em estirpes de E. coli, ou seja, quando o fago é cultivado, toda a E. coli é destruída. Permanece num meio líquido, este líquido é utilizado para infetar uma nova cultura de E. coli. Se isto for feito sem seleção, então, em paralelo com o fago que se multiplica, multiplica-se outro grupo de células, que o fago não destrói. Estas estirpes resistentes têm suscitado interesse. Se uma estirpe deste tipo for cultivada durante muito tempo, cruzando-se em meio líquido sem qualquer seleção, começam a aparecer vírus neste líquido, no qual crescem as células resistentes, embora não tenham sido introduzidas aí. Estes vírus podem ser isolados e infetar outras células instáveis com eles e multiplicarem-se. Uma vez que apenas as células foram movidas, isso significa que o vírus estava na célula, escondido. Não foi observado nenhum vírus no EM. Quando as células resistentes são expostas a influências que põem em risco a sua vida, quebram-se muito rapidamente e libertam vírus já prontos. Ou seja, não havia vírus, não podia ser observado por nenhum método genético, mas em condições desfavoráveis o vírus activou-se, matou a célula e saiu em busca de uma nova célula. As estirpes que, espontaneamente ou sob a influência de alguns factores, se lisam e libertam vírus são chamadas estirpes lisogénicas. Nestas estirpes, o vírus encontra-se numa forma latente. O fenómeno de lisogenia ocorre por si só quando as condições ambientais são boas para a célula: a célula é boa, o vírus é bom, e alguns destes vírus passam para uma forma latente e multiplicam-se com a célula no seu interior. Quando ocorre o fenómeno da lisogenia, aparecem partículas de fago, este fago pode ser isolado e o seu ADN pode ser analisado. Verifica-se que, em alguns casos, o fago agarra um pedaço de ADN do hospedeiro para além do seu ADN. Se infetar a célula seguinte com ele, pode transferir um gene. Acontece que o fago só capta um determinado gene - esse ponto,

em que o vírus é incorporado no ADN do hospedeiro, formando um complexo (Fig. 6.6).

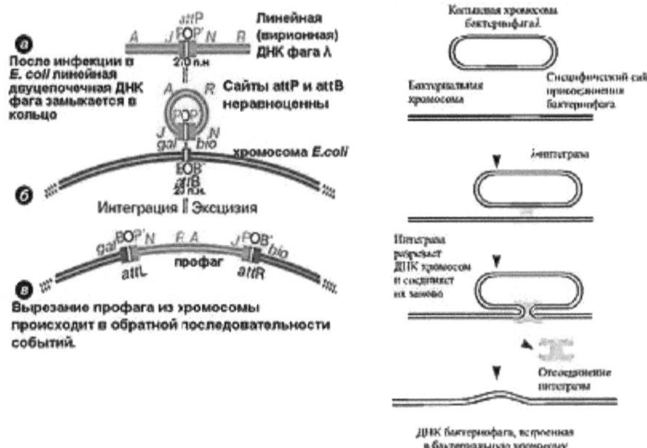

Figura 6.6. Recombinação específica do sítio do fago lambda

O ADN viral e o ADN cromossómico têm sequências semelhantes que, com a ajuda de proteínas especiais, se reconhecem mutuamente e, neste ponto, há uma quebra no ADN do fago e do cromossoma, que se ligam com proteínas num complexo, após o qual o ADN viral e o ADN do hospedeiro são reticulados. Forma-se um laço. O laço pode desdobrar-se, se estiver estericamente fixado, a topoisomerase entra em ação, pelo que o ADN é produzido como parte do ADN do hospedeiro, covalentemente ligado a este e é uma parte contínua do mesmo. Esta sequência também é replicada juntamente com o ADN. A sequência não aumenta de tamanho, o vírus não se replica na célula, as células que contêm o vírus replicam-se, as partículas virais ficam escondidas na célula. Esta é a estratégia do parasita: sentar-se no hospedeiro e não causar danos. Quando a célula se torna insalubre, o processo oposto ocorre convencionalmente. O DNA é torcido, aproximando as extremidades virais e formando uma partícula viral. Vale a pena notar que, enquanto o vírus está neste estado, tem genes a funcionar. Os genes virais normais são concebidos para matar a célula e produzir muitos vírus. O gene que está a funcionar aqui é um gene que produz uma proteína que suprime todos os outros genes virais - um repressor lambda. Enquanto tudo estiver bem na célula, o repressor lambda impede que o ADN seja cortado e ligue proteínas que o replicarão incontrolavelmente, impede que as proteínas do envelope se formem. Ou seja, o ADN é conservado com a ajuda de uma proteína repressora ligada aos genes virais. No caso de certas influências, ou esta proteína é destruída ou a sua síntese é inibida. Por vezes, está relacionado com a proteína, ou seja, o vírus pode ser ativado pelo sistema RecBCD devido a quebras em certas partes do ADN ou à exposição aos raios UV. Em qualquer dos casos, a saída do fago é a morte celular.

A recombinação ocorre em pontos específicos com uma sequência estritamente definida. Esta sequência deve ser repetida nos dois ADN envolvidos no processo. Quando os ADNs se ligam, a sequência pela qual se ligam não só deve ser a mesma nas duas moléculas, mas também deve ser espelhada dentro das moléculas, ou seja, é uma repetição invertida (palíndromo). Existem subunidades da proteína denominada recombinase. Quando a recombinase se liga a determinadas sequências, são criados dois sítios idênticos no ADN, aos quais se ligam duas subunidades idênticas. Uma vez ligadas, fazem o que a topoisomerase II faz: quebram a cadeia e ligam o seu fosfato à sua tirosina, as tirosinas atacam o ponto entre os sítios de ligação e cosem a extremidade 5'correspondente (a que tem o fosfato) a si próprias. Verifica-se então que uma das cadeias está ligada covalentemente à tirosina e a outra tem uma hidroxila livre. O hidroxilo ataca a ligação da tirosina ao outro fosfato. O resultado é uma estrutura semelhante à de Holiday: duas cadeias torcidas que podem simplesmente endireitar-se com uma torção, formando uma única molécula de ADN com um pedaço estranho incorporado. Em seguida, a quebra ocorre novamente, mas outros agrupamentos serão ligados à tirosina. O resultado da quebra no outro plano será que as moléculas irão trocar de extremidades. As extremidades serão não-homólogas, serão secções diferentes de ADN. No caso do ADN circular, o ADN é reticulado num único anel (caso do fago lambda). Nalguns vírus e plasmídeos, a replicação não dá origem a duas moléculas, mas sim a duas moléculas ligadas entre si, uma cruzando-se com a outra, formando um anel duplo. Para cortar este anel, este mecanismo é ativado, trabalhando na direção oposta, cortando um ADN do outro.

Uma vez que as duas moléculas nem sempre divergem como resultado deste processo, formam-se catenanos, ou seja, dois anéis ligados. Quando um catenon é formado, pode ser resolvido por recombinação específica do local ou por topoisomerase. Aqui deve haver ADN repetitivo e a sua disposição mútua conduz a resultados diferentes. Uma opção é ter as sequências onde a recombinação está a ocorrer viradas uma para a outra, com algum pedaço de ADN entre elas. Ocorre uma inversão central do material genético. Por vezes, verifica-se que esta secção contém a região onde se inicia a leitura do gene - o promotor. Dependendo da direção desta secção, o gene será lido de um lado ou do outro. É assim que pode ocorrer o processo de comutação de genes. Este processo é raro mas vital. Por exemplo, este é o mecanismo pelo qual as leveduras mudam de sexo. Em condições desfavoráveis, as leveduras formam um zigoto com uma casca densa - é para isso que servem as leveduras do segundo tipo de acasalamento. Os genes responsáveis pelo acasalamento estão localizados em ambos os lados da região promotora.

No caso das repetições diretas, para que a recombinação ocorra, as moléculas têm de se dobrar: não apenas formar um laço, mas cruzar-se. Como resultado da ligação cruzada, uma repetição permanece, metade de uma parte, metade da outra, e a outra parte fecha-se num anel, que também contém uma repetição. Este processo - a eliminação de uma determinada sequência - chama-se deleção. O exemplo do fago lambda é exatamente um processo deste tipo.

Existem sistemas que utilizam sequências não estritamente complementares para a incorporação e podem transferir os genes correspondentes dentro desse anel para diferentes locais do genoma. É assim que funcionam os chamados elementos móveis. Foram descobertos pela primeira vez em bactérias e foram designados por transposões. Os eucariotas também os têm e existem muitos mais, mas, regra geral, não são funcionais e, na maioria das vezes, são sequências virais mutantes que foram inseridas no genoma e não conseguem sair.

Existem mecanismos mais complexos de transposição em que a replicação funciona para além da recombinação. Não se trata apenas de transposição para um novo local, mas de duplicação. Ou seja, no local onde há lixiviação, há uma troca de dois filamentos, e clivagem de um filamento e preenchimento de algum sítio, o que leva à duplicação de elementos móveis. Cerca de metade do genoma humano é constituído por elementos móveis. As proteínas codificam 5%, e eles codificam 50%. Estes elementos móveis nas bactérias transportam frequentemente genes de resistência aos antibióticos. Estes genes multiplicam-se e transferem-se de um local para outro, formando uma estrutura que liga dois transposões. Isto significa que dois genes de resistência a antibióticos para dois antibióticos diferentes estão juntos. Isto dá-lhes uma vantagem selectiva. Por isso, os antibióticos não devem ser utilizados com frequência e de forma descontrolada.

Formação de genes de anticorpos

Há um processo vital - a formação de genes de anticorpos. Começa com os tripanossomas. Estes vivem no sangue e segregam substâncias tóxicas que podem acabar por matar uma pessoa. No entanto, o sistema imunitário humano funciona e produz anticorpos contra a proteína de superfície dos tripanossomas. Os tripanossomas desenvolveram uma proteína que se forma numa película que envolve toda a célula. Quando são produzidos anticorpos contra esta proteína, o tripanossoma rearranja o gene que codifica esta proteína. Ou seja, os tripanossomas têm uma secção específica no genoma onde o trabalho desse gene é feito, e esse gene é montado a partir de peças que são transmitidas de outras partes. A pessoa tem de voltar a produzir anticorpos. Os anticorpos para estas proteínas são produzidos lentamente e de forma deficiente. O mesmo princípio é utilizado para formar as partes de proteínas receptoras e proteínas de anticorpos que reconhecem antigénios específicos. A proteína do anticorpo é grande e é constituída por vários sítios e cadeias polipeptídicas de dois tipos: o sítio variável, que é constituído por três tipos de sequências: constante (todas têm a mesma sequência), variável e de ligação. Numa célula normal, estes genes não funcionam porque estão afastados do sítio de leitura e não são montados. Nas células que se tornaram células do sistema imunitário e que se formam no timo durante o desenvolvimento embrionário, começam os processos de recombinação. A partir de um grande bloco de sítios variáveis, um determinado sítio é selecionado e transferido para um sítio constante, e um ligante (geralmente consiste em dois blocos de algum tipo) é transferido para lá também. Em seguida, esse gene começa a produzir informação sob a forma de ARN matriz, como resultado do processo de transcrição. Ou seja, obtém-se uma determinada molécula complementar ao sítio, que capta certas regiões, mas a ligação destes fragmentos não é suave. Existem sítios de junção de cadeia simples entre eles. É aqui que a peça é construída por uma ADN polimerase especial que só funciona nas células em maturação do sistema linfático. Esta polimerase constrói um sistema completamente não complementar e constrói aleatoriamente 6-8 nucleótidos nestes locais de ligação. Este sítio tem muitas variações diferentes e é reconhecido por antigénios. E depois esse antigénio manifesta-se de diferentes formas. É um componente dos anticorpos, mas, além disso, noutros tipos de células está incorporado na membrana e serve de recetor, ou seja, a resposta imunitária não é dada por um anticorpo, mas por uma célula que tem o mesmo recetor, lido a partir do mesmo gene, mas só que tem uma parte traseira diferente, de uma molécula diferente, e por isso está incorporado na membrana. É assim que se forma um grande número de variantes, no timo podem formar-se cerca de 10 mil milhões de variantes. O processo é diferente em cada célula, pelo que cada célula contém um tipo de anticorpo. O que acontece a seguir é a seleção. As células que produzem anticorpos contra as suas proteínas no período embrionário são destruídas. Se o recetor não se ligou a nada, se não existem tais proteínas na célula, então será necessário ligá-lo a algo estranho. E ele persiste. É isso que se passa com a formação de anticorpos nos mamíferos. Nas aves é um pouco diferente, mas o princípio é o mesmo: há também recombinação de fragmentos individuais. Os receptores olfactivos foram formados da mesma maneira nos seres humanos no período inicial de desenvolvimento: ou seja, há um grande número de tipos de receptores olfactivos nos seres humanos, que são codificados devido à recombinação em diferentes células. Acontece que eles não estão originalmente presentes no genoma, e esta situação é um pouco mais complicada em geral. Em todo o caso, a recombinação produz produtos variáveis com uma certa especificidade.

7. Reparação do ADN

Causas de danos no ADN. Radiação ionizante

O ADN, com base nas suas funções, deve permanecer inalterado. O processo de reparação de danos no ADN é designado por reparação. Este pode estar sujeito a ataques químicos e físicos. Em termos de efeitos físicos, as partículas de alta energia têm mais probabilidades de colidir com a água circundante do que com o ADN, pelo que muitas vezes são geradas espécies reactivas de oxigénio ou radicais activos como o hidroxilo, que podem atuar sobre o ADN, iniciando-se então o processo químico. Noutros casos, esta radiação pode atingir diretamente a molécula de ADN e as partículas beta ricas em energia podem provocar a rutura do ADN. Quando bombardeada por uma partícula de fosfato, a ligação fosfodiéster pode quebrar-se, formando-se então uma quebra de cadeia simples nesse local. As partículas alfa podem causar quebras de cadeia dupla. No entanto, a altas intensidades de radiação, partículas ainda mais inactivas podem causar quebras de cadeia dupla.

Reparação de quebras de ADN. Oxidação e metilação

Uma quebra de cadeia simples pode ser eliminada pela DNA ligase. Quando uma quebra de cadeia simples tem fosfato numa extremidade (normalmente a extremidade 5'-), a DNA ligase pega em ATP/NAD e liga a parte adenil à extremidade livre e depois, deslocando-a com fosfato na outra extremidade, forma uma ligação. Mas apenas quando é formada uma única lacuna. Também é possível quando o fosfato não está na extremidade 5'-, mas na extremidade 3'-. Neste caso, a ligase não sabe como ativar a extremidade 5'não fosforilada. Assim, entram em ação duas enzimas, uma das quais não é muito específica, nalguns casos até existem formas especiais para a reparação, chama-se fosfatase e separa o fosfato inorgânico. Isto produz ADN que não contém qualquer fosfato nas extremidades da quebra de cadeia simples. É aqui que entra em ação uma enzima específica, a polinucleótido quinase. A enzima assenta na extremidade 5'-, utiliza ATP, liberta ADP como resultado da reação e a extremidade 5'- torna-se fosforilada. A ligase cose então a lacuna. No caso de quebras de cadeia dupla, a reparação direta não é normalmente possível. Neste caso, ocorre uma combinação de processos de reparação e de recombinação. Na célula, em regra, existe a mesma parte de ADN, uma vez que a replicação está sempre a decorrer na célula, havendo uma troca de cadeias. A cadeia com uma extremidade 3'livre será construída pela segunda, como matriz, numa cadeia mais longa, depois um fragmento de cadeia simples, libertado pela proteína RecA, será separado, incorporado na segunda secção quebrada e servirá ainda para a origem da segunda cadeia da segunda metade do ADN quebrado. Neste caso, tem de haver necessariamente uma segunda sequência semelhante: o ADN já deve ter sido replicado, se se tratar de uma célula bacteriana, e nos eucariotas pode ser a sequência de um cromossoma homólogo.

A ligação cruzada de quebras de cadeia dupla é um dos casos mais difíceis de reparação. Outros casos de reparação podem estar relacionados com o facto de a lacuna poder não ser uma única, mas um pedaço inteiro da lacuna. Neste caso, os fragmentos de Okazaki são sintetizados no fragmento de atraso, como na replicação, e depois o iniciador é removido para formar uma região de cadeia simples, que é completada pelas polimerases I e II do ADN.

No caso de lesões mais específicas, ocorre frequentemente a oxidação da adenina e da citosina. Neste caso, os grupos amino não anulares destas bases são oxidados e substituídos por um hidroxilo, ocorre uma isomerização e forma-se um grupo ceto. No caso da adenina, após isomerização no anel de seis membros, forma-se um grupo ceto no lugar do grupo amino e, na sexta posição, em vez do azoto incorporado, forma-se um grupo NH. Os agrupamentos serão diferentes na sua capacidade de formar ligações de hidrogénio: o grupo amino era um dador e o grupo ceto é um aceitador de ligações de hidrogénio, e vice-versa, na sexta posição o aceitador será substituído por um dador. Assim, o par nesta posição tornar-se-á não-complementar. A base resultante é chamada hipoxantina. É um produto normal da troca de bases purínicas nas células, mas não tem qualquer utilidade no ADN. Porque se olharmos para a forma como forma ligações de hidrogénio, podemos ver que o faz da mesma forma que a guanina, e a base complementar seria

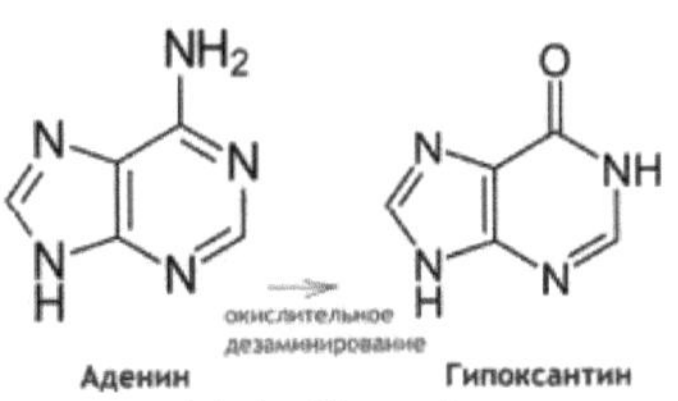

Аденин Гипоксантин

Adenina Hipoxantina

citosina. Assim, na presença desta base no ADN, a citosina irá opor-se à hipoxantina - a substituição de uma base por outra e, consequentemente, a substituição de um aminoácido por outro na proteína, forma-se uma mutação pontual, associada à substituição de uma determinada base e, consequentemente, de um aminoácido (Fig. 7.1).

A mutação pontual está associada à substituição de uma determinada base e, consequentemente, de um aminoácido (Fig. 7.1).

Figura 7.1. Desaminação oxidativa da adenina

Se a hipoxantina pode ser distinguida da guanina, a situação com a citosina é mais difícil. Como resultado da desaminação, o grupo amino também se transforma num grupo ceto, e o grupo NH substitui o grupo N-, que representa o uracilo (Fig. 7.2).

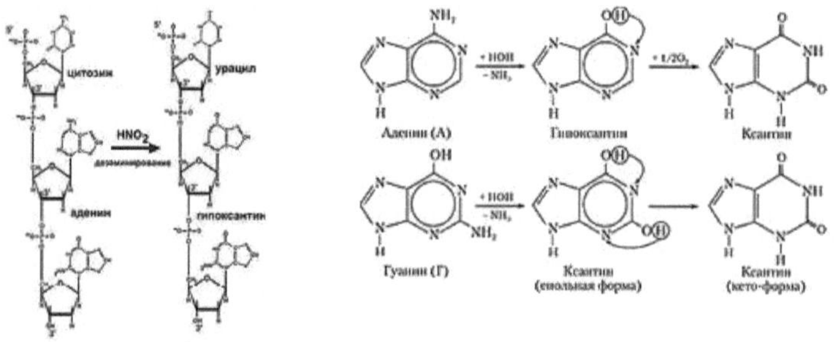

Figura 7.2. Desaminação oxidativa de bases

Assim, torna-se claro porque é que o uracilo é substituído pela timina no ADN. Se o uracilo estivesse presente no ADN como no ARN, esta mutação não se distinguiria de uma mutação normal. Como o ADN contém uma base metilada, a timina, pode distinguir-se da resultante dessa oxidação. O uracilo é facilmente oxidado por várias influências: agentes de desaminação oxidativa, como os nitritos, radicais de oxigénio formados a partir da água por radiação ionizante; oxidantes activos derivados da própria citosina quando esta absorve luz UV. Assim, o uracilo forma-se muito nas células. Como é que o ADN se livra dele? Nas células, os processos que envolvem a adição de grupos alquilo, mais frequentemente grupos metilo, são bastante comuns. A metilação do grupo NH incorporado no anel de seis membros faz com que a base não forme uma ligação de hidrogénio neste ponto. Em alguns casos, um grupo ceto pode ser metilado, como na guanina. Esta reação ocorre espontaneamente, mas com a participação de transportadores activos do grupo metilo no metabolismo normal da célula. Forma-se então um éster metílico em vez do grupo ceto, o que leva a uma redistribuição das ligações duplas. Neste caso, a ligação possível é quebrada, o ADN muda completamente a estrutura neste local e, uma vez que a ligação de éter simples é bastante estável, é bastante difícil livrar-se deste grupo metilo. Estas mutações são chamadas 6-O-metilguanina - uma das mais perigosas para as células (Fig. 7.3).

гуанин → метилирование → O-6-метилгуанин

Figura 7.3. Mutação da 6-O-metilguanina

Para além das diversas variantes de oxidação dos grupos amino, a oxidação dos anéis pode levar à rutura do ADN. Assim que um anel deixa de ser aromático e plano, a ligação (a ligação do ADN é a interação de anéis aromáticos planos) do ADN é quebrada. A força do ADN diminui e, durante a replicação, nenhum nucleótido pode ser colocado contra esse anel. Assim, pode ocorrer uma inserção aleatória neste local, o que também será uma mutação.

Causas de danos. Ação da radiação UV, dímeros de timina

A ação da luz UV não é insignificante. Os sistemas cíclicos de bases azotadas, pelas suas propriedades, absorvem bem o UV próximo (comprimento de onda de cerca de 260 nm). Em alguns casos, as bases excitadas pela absorção de UV, devido ao aumento da reatividade dos seus electrões, formam ligações adicionais, na maioria das vezes com componentes de água ou hidroxilo. Além disso, forma-se uma posição oxidada nesta posição, o que leva à quebra do anel ou ao aparecimento de substituintes adicionais fora do anel (por exemplo, ligação ao azoto no ciclo de cinco membros nas purinas, uma vez que o azoto na sétima posição é muito sensível a alguns grupos). A ocorrência de uma tal carga positiva leva a mais rearranjos e, consequentemente, a mutações. O efeito mais notório dos UV no ADN é a formação de dímeros de timina. Trata-se da junção não de dois nucleótidos, mas de exatamente duas bases. É o caso quando dois nucleótidos de timina são consecutivos na cadeia (Fig. 7.4).

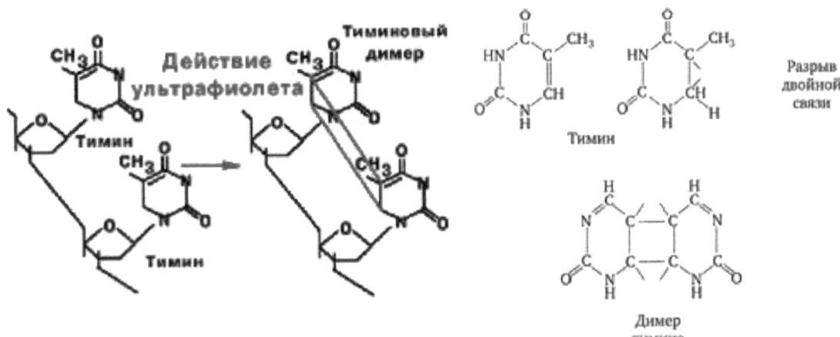

Figura 7.4. Dímero de timina. A formação de ciclobutano está indicada a vermelho

Por ação dos UV, uma ligação dupla do anel é quebrada e,

consequentemente, ataca a segunda molécula vizinha, quebrando a sua ligação dupla. Este dímero de ciclobutano faz com que os dois nucleótidos fiquem estritamente paralelos, em vez de serem rodados um em relação ao outro por 36°. Isto leva a uma violação da geometria global da hélice. No caso da replicação deste tipo de ADN polimerase, o ADN ligará a primeira adenina, atingindo o dímero de timina, e a segunda não pode ser ligada devido à diferença de ângulos, e a replicação termina aí. Uma vez que os raios ultravioleta são comuns e podem formar-se muitos dímeros de timina, verifica-se que a vida está sempre sob a ameaça de tais mutações e talvez a presença de forte irradiação UV tenha sido a razão pela qual, até há relativamente pouco tempo, a vida só existia na água. A água absorve bem os raios UV e, a algumas profundidades, já não é tão forte. É mais forte nos organismos unicelulares e mais fraca nos organismos multicelulares com revestimentos protectores. Sob a influência dos raios UV, uma pessoa toma banho de sol e, até um certo ponto, nada acontece. No entanto, as células superiores da pele estão mortas e as que se encontram por baixo estão prestes a morrer, pelo que é relativamente irrelevante o que acontece à camada epitelial superior. O problema começa quando as ligações cruzadas se iniciam na camada de células que essencialmente forma o epitélio - a chamada camada basal do epitélio, onde as células estão continuamente a dividir-se. É evidente que, se essas mutações tiverem ocorrido aí, a divisão será interrompida. Com alguma probabilidade, a síntese neste local ainda salta, por vezes as células cometem erros deliberadamente para passar uma parte tão ilegível do ADN, de modo a sobreviver. Mas quando isso acontece, começam as mutações nas células epiteliais, o que muitas vezes leva a uma degeneração cancerígena. É por isso que não é aconselhável viajar para sul durante a época alta e apanhar sol intenso. Daí a consequência: a maioria das pessoas que vivem no sul, nos países tropicais, tem a pele escura. Porque as suas células pigmentares são utilizadas para absorver o excesso de UV.

Fotoliase, propriedades e mecanismo. A pterina e o seu papel

Falando de dímeros de timina, vale a pena dizer que este é um fenómeno bastante frequente e antigo, tendo sido desenvolvidos vários mecanismos de reparação contra ele. Um deles é o mecanismo de reparação direta. Trata-se da reparação de uma lesão do ADN que se processa invertendo rigorosamente o percurso dessa perturbação. Se se formar um dímero de timina devido à ativação por UV, este também se expande utilizando a energia da luz, apenas na região visível. A enzima correspondente chama-se fotoliase e o seu efeito foi descoberto de forma acidental. Em alguns microrganismos, as mutações revelam-se prejudiciais para o microrganismo e benéficas para o ser humano. Por exemplo, existe um fungo selvagem, o Penicillium, que produz penicilina. Se pegarmos neste fungo, como fez um cientista inglês no seu tempo, começarmos a cultivá-lo e a obter dele um antibiótico, descobriremos uma coisa interessante: o fungo produz este antibiótico exatamente na quantidade de que precisa, e precisa de tanto para suprimir o crescimento de bactérias no volume em que cresce, ou seja, *1 unidade ativa de antibiótico*. Assim, a penicilina produz penicilina com uma concentração de 1 a.u/ml. Para que a penicilina tenha um efeito real, são necessários 200.000 litros de meio de cultura para tratar uma pessoa. Cheyne e companhia, na América, aprenderam a obter mutações na penicilina que se caracterizavam por upregulation, onde a mutação é upregulation, de modo a que o fungo não produza tanto antibiótico quanto precisa, mas quase incontrolavelmente. Quando começaram a obter mutações sob UV, descobriram o seguinte: se pegarmos numa suspensão de levedura ou bactéria, a irradiarmos com UV, a semearmos em meio sólido para obter colónias, quando a dispersarmos num local escuro, obtemos uma ordem de grandeza maior de colónias mutantes do que à luz. Verificou-se que este é o efeito da luz verde, mas em muitos microrganismos esta dependência é bimodal, ou seja, podem estar envolvidos dois pigmentos. Partiu-se do princípio de que são as coenzimas de flavina que absorvem a luz. Depois, começámos simplesmente a procurar a atividade enzimática a favor do ADN irradiado por UV. E observámos o ponto de fusão (os dímeros de timina baixam-no). Em certos casos, é possível isolar uma proteína quase pura que tenha esta atividade. Por um lado, esta proteína tem uma afinidade com o ADN, mas bastante fraca se o ADN for normal, e se o ADN tiver um dímero de timina, a constante de ligação aumenta em 6 ordens de grandeza. Ou seja, esta proteína ligar-se-á constantemente ao ADN e desprender-se-á devido a interações fracas até se ligar ao local onde se encontra o dímero de timina. Em seguida, ocorre a difusão longitudinal ao longo do ADN e o dímero de timina acaba no centro ativo da enzima. Esta é a ligação mais favorável, o que leva ao aumento da constante. Quando a enzima absorve um quantum de luz que ativa a sua coenzima flavina, esta começa a interagir com o dímero de timina, mas falta-lhe energia. Para aumentar a sua capacidade de ativar o carbono e expandir as ligações, é utilizado um segundo cromóforo, a pterina (coenzima). O nome pterina vem do primeiro sítio onde foi isolada - as borboletas. É devido às pterinas que as borboletas adquirem cor. Verificou-se que estes compostos são vitaminas, estão presentes em todas as células e estão envolvidos na transferência de grupos metilo. Nalguns casos, funcionam como coenzimas redox, e acontece que cumprem ambas as funções. Por exemplo, quando a timina é sintetizada para a síntese do ADN, o transportador de pterina funciona como dador de um resíduo de um carbono e, por outro lado, restitui um resíduo de um carbono a um grupo metilo. Assim, verifica-se que a pterina ativa adicionalmente a flavina. É necessário que dois cromóforos se liguem um quantum de energia cada um, e então a flavina começa a expandir a ligação, mas gasta a sua energia para quebrar uma ligação. Uma segunda ligação é quebrada à custa de energia, que ele recebe imediatamente à custa da pterina por transferência de energia sem radiação da pterina para a flavina. Como resultado, as ligações do ciclobutano no dímero de timina são quebradas, as timinas divergem para formar uma ligação de hidrogénio, o que leva a uma inversão completa da reação (Fig. 7.5).

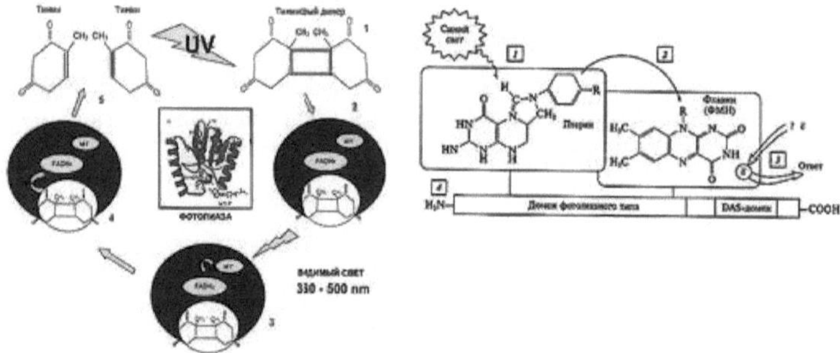

Figura 7.5. Mecanismo de ação da fotoliase durante a reparação direta

Existe outra forma de reparar os dímeros de timina. As células dos eucariotas têm uma polimerase de ADN especial que repara os dímeros de timina. Quando um complexo de duas polimerases (alfa e delta), uma vai para a cadeia principal e a outra sintetiza fragmentos Okazaki. Quando uma delas esbarra num dímero de timina, afasta-se, dando lugar a outra polimerase que tem maior afinidade pelo dímero de timina. É capaz de juntar duas adeninas. Mas tem uma grande afinidade pelos dímeros de timina e, uma vez que se liga a eles, une as duas timinas, e assim a cadeia pode continuar a ser replicada pela polimerase. Na maioria das vezes, o dímero de timina é removido por um mecanismo universal chamado reparação por excisão.

Para além dos dímeros de timina, podem também formar-se outras bases invulgares e existe uma forma específica de corrigir as bases incorrectas quando todo o ADN está basicamente correto.

Reparação de outras perturbações. Sítio AP. Reparação de desfasamentos, SOS

No caso de outras perturbações das bases azotadas, existem duas abordagens: a primeira é específica para certos tipos de perturbações. Certos tipos de anomalias são frequentes (a citosina é oxidada a uracilo) ou demasiado perigosos, e para eles existe um mecanismo individual de eliminação, tal como para os dímeros de timina. No que diz respeito a estas mutações, devemos concentrar-nos na metilação da guanina, para 6-O-metil-guanina. O mecanismo de rearranjo é efectuado por uma proteína especial, a O-6-metilguanina metiltransferase. A proteína contém vários grupos cisteína activos (grupos SH). O centro ativo da enzima agarra um grupo metilo, de modo que a enzima é metilada por um grupo SH e a guanina não é metilada. Depois disto, a afinidade da enzima pela guanina perde-se e o complexo desintegra-se.

Outro grupo interessante de enzimas são as DNA glicosilases. O ADN com citosina oxidada (uracilo), em frente da guanina, é um par anormal. Por conseguinte, o uracilo deve ser removido para evitar a paragem da síntese proteica. A glicosilase quebra a ligação glicosídica entre a base azotada e a desoxirribose. Forma-se uma desoxirribose com uma extremidade redutora livre, sem base. Este sítio é designado por sítio A-pirimidina. Com as pirimidinas, o mesmo processo ocorre mesmo sem o envolvimento de enzimas. Como resultado, formam-se sítios purínicos. Uma vez que as formas de eliminação destes sítios são semelhantes, estes sítios passaram a ser designados por sítios AP (A-purina e A-pirimidina). Estes sítios AP aparecem também sob a ação de outras glicosilases. É importante notar que apenas uma base incorrecta é clivada, uma vez que a enzima apenas a reconhece. A maior parte do uracilo é removida e, em seguida, é simplesmente excretada na urina, sendo metilada pelo azoto. No momento da inserção da base correta, existe uma diferença no mecanismo dos procariotas e dos eucariotas. Os eucariotas têm um mecanismo e os procariotas têm dois. O mecanismo não tão universal dos procariotas é que a enzima DNA insertase insere a base correta a partir do nucleósido trifosfato no local da A-purina ou da A-pirimidina. Não foram encontradas enzimas deste tipo nos eucariotas. Existe uma abordagem universal que os procariotas e os eucariotas utilizam. Na presença de inconsistências estruturais no ADN, o sítio é excisado e construído de novo. Ou seja, o próprio facto de haver uma violação de uma cadeia é reconhecido e esse local é removido. Este tipo de reparação é designado por
excisão (por corte) (Fig. 7.6 a,b).

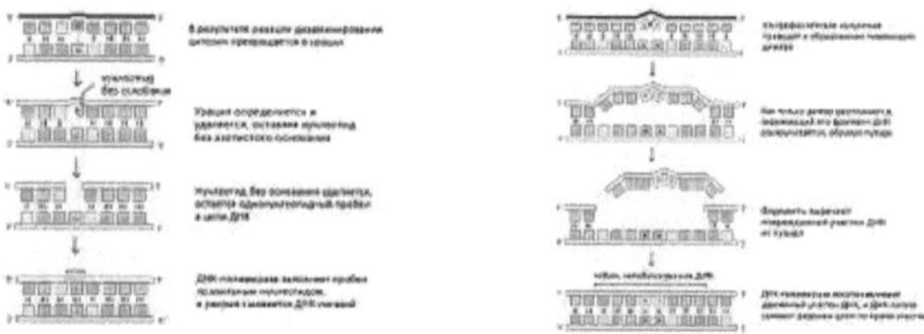

Figura 7.6. a. Reparação por excisão de bases Figura 7.6.b. Reparação por excisão de nucleótidos

Neste caso, o uracil não tem necessariamente de ser eliminado na mutação, porque a geometria da dupla hélice é perturbada nesse local e existem proteínas especiais que controlam essa perturbação. Assim que a detectam, fazem uma quebra na cadeia "errada" ao lado dela. O resultado é um ADN com uma quebra de cadeia simples e uma incompatibilidade. De seguida, entra em ação uma outra enzima. Vale a pena recordar a diferença entre a DNA polimerase da Escherichia coli, porque esta enzima, ao contrário de todas as outras, tem um domínio adicional com atividade de 5'-3'-exonuclease. Esta enzima assenta na quebra de cadeia simples e começa a ligar e a remover gradualmente os nucleótidos, passando o ponto de incomplementaridade e destruindo o local não correspondido. Desta forma, a quebra de cadeia simples é transportada ao longo da molécula. De seguida, a ADN ligase assenta sobre a quebra de cadeia simples e cose-a com ATP (NAD na E. coli). Como as outras não têm a mesma atividade da ADN polimerase I, entra em ação uma outra enzima, a exonuclease de reparação. A exonuclease instala-se no local errado e começa a remover nucleótidos desse local, o que resulta na formação de uma lacuna - o local do ADN também fica privado da segunda cadeia. A DNA polimerase I ou II continua o processo, construindo a lacuna, quando chega a uma quebra de cadeia simples, pára e a DNA ligase completa o processo.

A ADN polimerase funciona corretamente, mas comete um certo número de erros. O número de erros no processo de replicação diminui drasticamente ao fim de algum tempo, porque as células têm um mecanismo especial chamado reparação de bases incorretamente emparelhadas. Num erro de replicação, é impossível saber qual dos filamentos contém a base correta e qual contém a base incorrecta. As cadeias têm origens diferentes: uma é uma cadeia matriz antiga que foi sintetizada num ciclo de replicação anterior, enquanto a outra acabou de ser sintetizada. É importante notar que existem certas modificações de bases no ADN. Em particular, no E.coP. Se um quadrupleto, que inclui todas as bases azotadas, for encontrado no ADN, um grupo metilo é ligado ao azoto da adenina, obtendo-se a N-6-metiladenina. A segunda cadeia tem a mesma sequência com a adenina metilada. Após a replicação, as cadeias separam-se e é construída uma cadeia complementar a cada uma, na qual a adenina não está metilada, porque a cadeia recém-sintetizada ainda não teve tempo de ser metilada. Neste ponto da célula, proteínas especiais reconhecem esta sequência e ligam-se a ela. Uma vez que a metilação ocorreu apenas numa das cadeias, é assimétrica, e algumas subunidades proteicas ligam-se a uma das cadeias e outras à outra.

Assim, existe uma estrutura que distingue as duas cadeias, existem vários sítios deste tipo em toda a molécula. E este complexo de proteínas liga-se a outra proteína que as une, e também se liga ao local entre elas formando um laço no ADN, deixando a cadeia não metilada no exterior. Se houver alterações, estas são reparadas (Figura 7.7).

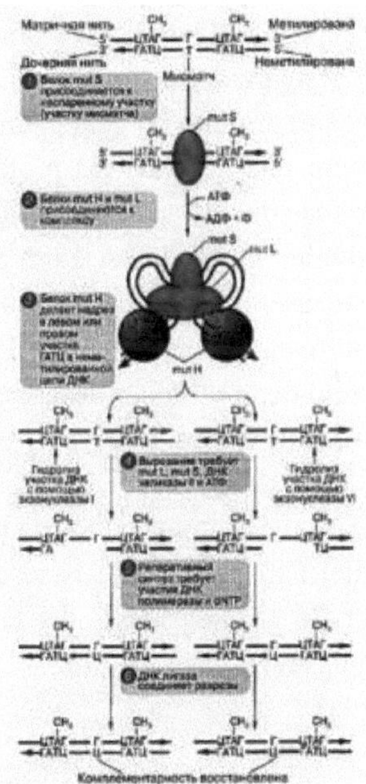

Figura 7.7. Reparação de desfasamentos

Assim, a presença de metilação como um sinal na cadeia antiga dá tempo para que esses erros sejam corrigidos.

Todos os métodos acima referidos envolvem a degradação do ADN. Em condições de elevada taxa de mutagénese, a reparação SOS inicia-se nas células. No exemplo da E. coli, a proteína RecA é uma proteína nodal. Reconhece o ADN de cadeia simples, forma um complexo com ele, protegendo-o, e depois começa a procurar o seu complementar entre o ADN de cadeia dupla e integra a secção de cadeia simples na molécula de cadeia dupla, deslocando uma das cadeias, o que forma um laço. O ADN complementar é sintetizado sobre ele, formando assim uma dupla hélice. A hélice apresenta lacunas de acumulação. É importante que, durante estes processos, os pedaços de ADN caiam em sítios de cadeia simples, espaçados entre si; não se prolongam porque não existem sítios complementares longos. Estas lacunas de cadeia simples tornam-se perigosas para serem danificadas pelas nucleases. Para evitar que sejam danificadas, existem proteínas especiais chamadas SSBs - elas estabilizam as lacunas de cadeia simples que ocorrem no ADN, dando depois lugar a polimerases de ADN que constroem as lacunas. A reparação SOS requer que os genes, em particular a proteína RecA, sejam activados na sua capacidade máxima. A RecA desencadeia todos os processos e, normalmente, não é muito abundante, o seu gene está num estado parcialmente reprimido. Isto é feito por uma proteína específica que se liga a ele no início deste gene e o impede de iniciar a síntese de ARN. Trata-se da proteína LexA, um produto do gene com o mesmo nome. Quando RecA está livre, é inerte em relação a outras proteínas, mas se se ligar ao ADN de cadeia simples, a sua conformação muda ligeiramente, tem atividade de protease que cliva a proteína LexA. LexA é um repressor não só de RecA mas também de outros genes - genes de reparação SOS, entre eles as proteínas SSB e alguns outros genes repressores. Há um grupo interessante de genes: UMU (mutação invulgar). Foram descobertos não em ligação com a reparação SOS, mas porque as mutações nestes genes levam a um aumento do número de mutações. Os genes UMD e UMC, formando um complexo, atacam a ADN polimerase, que é promíscua. Se ela percorre o ADN e esbarra na base errada, para a qual não existe uma base complementar, ela insere uma. Isto permite preservar a integridade do cromossoma em caso de mutagénese suficientemente severa (Figura 7.8).

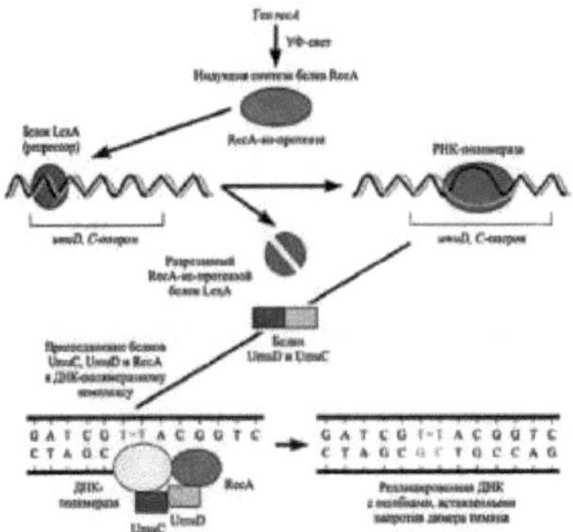

Figura 7.8. Reparação SOS

8. Sistemas de restrição. Realização

Informação genética

De grande importância prática é o fenómeno descoberto em meados dos anos 60 pelo virologista suíço Werner Arber, que investigou a infeção de várias estirpes de Escherichia coli com um certo tipo de bacteriófago.

Restrição do hospedeiro. Experiências de Arber

A E. coli tem um grande número de variações naturais. Alguns destes grupos naturais de estirpes têm certas caraterísticas comuns de estrutura (presença de alguns genes específicos nestas estirpes, uma certa ordem dos mesmos, que pode ser diferente noutras). Manifestam-se fenotipicamente não só ao nível da investigação do genoma, mas também nos casos em que estão associados à utilização de determinadas substâncias.

Há um total de três linhagens das quais derivam diferentes estirpes de Escherichia coli para investigação genética. O seu nome deriva das estirpes que foram descobertas pela primeira vez nessa linha. Assim, existe uma linha chamada linha "b" (E. coli B), existe uma linha com o nome da primeira estirpe descoberta - é a linha K-12 (E. coH K- 12) e existe a linha "C" (E. coH C).

Ao estudar estas três linhas, Arber descobriu que, se pegarmos numa destas estirpes e a infectarmos com um vírus, o vírus penetrará rapidamente na célula e destruí-la-á, enquanto os seus recursos serão utilizados para formar novas partículas virais (serão formadas cerca de 20-40 partículas virais diferentes), que infectarão as células seguintes e assim sucessivamente (até restarem apenas partículas virais).

O investigador pegou num vírus cultivado numa estirpe e infectou com ele células de outra estirpe, tendo-se verificado que o desenvolvimento da infeção viral era muito retardado. Além disso, este processo foi reproduzido num meio sólido: foi utilizado um meio sólido de ágar-ágar com caldo nutriente, no qual foram semeadas bactérias de forma sólida (o chamado relvado bacteriano) e, em seguida, foi colocada uma suspensão líquida do vírus (as partículas virais raramente se encontram aí). Como resultado, o relvado sólido começou a mostrar zonas transparentes (as chamadas placas) onde o vírus tinha comido as bactérias. Gradualmente, o diâmetro destas placas começou a expandir-se e, durante um período de tempo moderado, pode observar-se o aparecimento de um grande número de colónias virais transparentes. Estas são as partículas virais que conseguem infetar a célula e desenvolver-se. Estas colónias correspondiam ao número aproximado de partículas virais da suspensão. No início não se observa nada, mas depois de

algum tempo aparecem placas virais, que são cerca de duas ordens de grandeza inferiores a uma infeção normal. A partir deste estudo, concluiu-se que, ao contrário do meio líquido, um pequeno número de placas se desenvolve no meio sólido.
Arber fez este estudo com diferentes estirpes e o resultado é que se infectarmos vírus cultivados nas mesmas estirpes ("B", "K-12" e "C") e considerarmos a infeção da mesma estirpe como cem por cento, no caso da estirpe "B" infectamos a estirpe "K-12", obtemos cerca de um por cento; se infectarmos "K-12" com a estirpe "B", obtemos cerca de dois por cento; é de salientar que a estirpe "C" infecta todas as formas do vírus com cem por cento de eficácia e que a estirpe "C" infecta as estirpes "B" e "K-12" com uma eficácia bastante baixa (menos de um por cento) (Fig. 8.1)

X^fag E.coìf[4]	**B**	**K 12**	**C**
B	**100**	**~1%**	**>1%**
K 12	**~2%**	**100**	**>1%**
C	**100**	**100**	**100**

Fig. 8.1 Eficiência de infeção das estirpes de E. Coli

Se pegarmos nos vírus das placas formadas e infectarmos o próximo relvado bacteriano da mesma estirpe (~1% da tabela e infectarmos com ele a estirpe "B"), as infecções serão de cem por cento. De facto, ao multiplicar-se uma vez nesta estirpe, o vírus adquiriu as suas propriedades por si próprio. Tornou-se cem por cento infecioso. Este fenómeno foi designado por restrição do hospedeiro ou restrição do hospedeiro.
Foi apenas em meados dos anos 70 que os investigadores voltaram a esta descoberta. Decidiram determinar o que poderia ser diferente nos vírus cultivados em diferentes linhas de bactérias. Foi determinado que tinham quantidades diferentes de bases modificadas, ou seja, certas bases azotadas tornavam-se metiladas em determinadas posições (o grupo metil era derivado do grupo amino da adenina ou do anel da citosina). Estas bases menores estavam presentes em pequenas quantidades, pelo que inicialmente não foi possível detectá-las de forma específica, mas foi possível estabelecer que a metilação ocorre ao longo de determinadas sequências de ADN. Assim, verificou-se que as estirpes "K-12" e "B" tinham sequências diferentes.

Proteínas envolvidas na restrição. O primeiro tipo de restrictases

A investigação posterior teve como objetivo encontrar a proteína que estava envolvida neste processo. Inicialmente, isto foi feito utilizando métodos genéticos, ou seja, começaram a obter mutações que não apresentavam essa reação e verificou-se que, para que este sistema funcionasse, eram necessários três genes. Mais tarde, descobriu-se que se tratava de três proteínas com actividades diferentes.

A primeira proteína é a chamada proteína de reconhecimento, que reconhece uma determinada sequência de nucleótidos e se liga a ela. As outras duas estão associadas a esta proteína e têm actividades enzimáticas em relação ao ADN. Uma destas enzimas revelou-se uma metilase, o que significa que metila o ADN nas sequências reconhecidas ou perto delas. A segunda enzima revelou-se uma nuclease, que apenas cliva o ADN não metilado junto a essa sequência (o ADN metilado não é clivado).

Assim, na célula funciona o seguinte esquema: o ADN é metilado em todos os locais com uma determinada sequência. Ou seja, existe o ADN parental original e este é metilado (Fig. 8.2 (1)), depois existe a replicação do ADN, em que as cadeias antigas são metiladas e as novas cadeias não são metiladas (Fig. 8.2 (2)). A enzima, com a sua subunidade de reconhecimento (designada pela letra R), liga-se a estas sequências, às quais estão associadas duas subunidades, uma metilase (M) e outra nuclease (N). Se a subunidade de reconhecimento se ligou à cadeia metilada do ADN, a metilase entra em ação e liga o grupo metilo na direção oposta. Verifica-se que a nova cadeia está igualmente metilada (Figura 8.2 (3)), após o que o complexo enzimático se afasta do ADN; se a cadeia estiver metilada em ambas as posições, não se ligará. Na replicação normal, este padrão ocorre sempre.

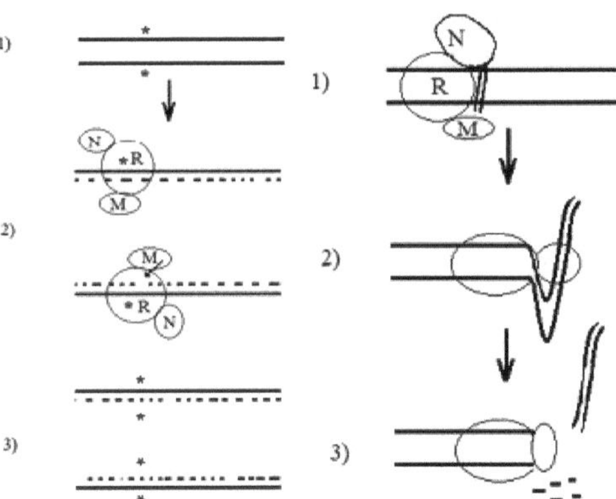

Figura 8.2 Sequência de metilação do ADN Figura 8.3 Clivagem do ADN por uma nuclease

Se o vírus for de uma outra linhagem de E. coli, não tiver subunidade de reconhecimento e as sequências não estiverem metiladas, então, neste caso, mesmo antes do início da replicação, a subunidade de reconhecimento ficará onde não há metilação e a subunidade de metilação não estará ativa, enquanto a unidade de nuclease estará ativa e começará a destruir o ADN (Fig. 8.3. (1)). Além disso, a degradação ocorre de uma forma muito interessante: a subunidade de reconhecimento não muda de posição, mas a subunidade de nuclease começa a puxar o ADN através de si própria, formando-se um laço bastante longo, que aumenta gradualmente. Após algum tempo, começam a quebrar-se as ligações múltiplas aos nucleótidos vizinhos (Fig. 8.3 (2)). O resultado é que fica para trás algum ADN, depois um complexo de subunidades, seguido de um espaço com nucleótidos individuais entre eles (que não estão emparelhados e não estão unidos) e depois algum ADN (Fig. 8.3 (3)).

Assim, verifica-se que se perdeu um grande pedaço de ADN, o que significa que estas secções não podem ser restauradas de forma alguma e, como são muitas, todo o cromossoma viral se divide em pequenos fragmentos. É assim que funciona o mecanismo de defesa da célula contra o desenvolvimento de vírus estranhos. Mas como este sistema não funciona a cem por cento, o vírus tem tendência a ultrapassar este sistema. Além disso, se a metilação tiver passado numa cadeia, não haverá mais clivagem e será metilada na segunda cadeia. Se o sistema de defesa não funcionar, o vírus deixa de ser identificado como um estranho e pode multiplicar-se sem restrições. Uma vez que o fenómeno foi designado por restrição do hospedeiro, as enzimas correspondentes foram designadas por restrictases.

Rapidamente se descobriu que estes sistemas de defesa existem em diferentes tipos em diferentes espécies de bactérias. Descobriu-se que as restrictionases são de três tipos diferentes (Figuras 8,2 e 8.3 - mecanismo de ação do primeiro tipo de restrictionases). A primeira variante reconhece uma sequência assimétrica no ADN e, se esta estiver metilada, desmetiliza a segunda cadeia. Se estiver simplesmente metilada nas duas cadeias, não é retida, mas se estiver metilada, cliva-a e cliva-a numa grande extensão. Este é um sistema rígido de destruição de ADN estranho.

O segundo tipo de sistemas de restrição. Utilização na engenharia genética

Na maioria dos casos, funciona um sistema de segunda classe, em que é reconhecida uma sequência relativamente pequena onde ocorrem as quebras. A enzima fecha uma parte específica do ADN e interage com ela.

Suponhamos que existe uma secção de ADN em que a sequência ^{5} é - GAATTC-^{3}, na segunda cadeia será complementar mas dirigida de forma oposta -CTTAAG ^{5}. A sequência será reconhecida em ambos os lados da mesma forma. Após a ligação, se o ADN não for modificado nesta sequência, a certa altura a subunidade faz uma rutura e, como são simétricas, a rutura é obtida em ambas as cadeias, mas se a rutura não ocorrer no centro da sequência reconhecida, obtém-se um certo deslocamento e forma-se uma certa parte curta, na qual, devido aos pares de bases retidos, como que esta sequência é mantida no lugar. Mas quatro nucleótidos é uma ligação muito fraca, pelo que a retenção é aparente e, a temperaturas fisiológicas normais, devido ao movimento térmico, é frequentemente destruída e, como resultado, cada uma dessas extremidades será autónoma

^{5,}---GAATT-^{3}"

^{3}'-C5' onde tudo é complementar e no final fica uma espécie de cauda de cadeia simples. No outro fio, haverá exatamente a mesma imagem, só que na direção oposta:

5C---^{3,}

^{3} TTAAG $_{-5}$, ou seja, ocorrem pontas que são complementares umas das outras

Independentemente das sequências noutros locais - as extremidades serão sempre as mesmas e complementares a si próprias, que se colarão a outras extremidades de outros pontos de quebra, independentemente da sequência. Estas estruturas foram designadas por sticky ends. A descoberta deste mecanismo e a utilização de tais enzimas tornaram-se a base para o desenvolvimento da engenharia genética. Esta técnica de clivagem do ADN por uma enzima da segunda classe de enzimas de restrição tornou possível juntar os fragmentos resultantes ao longo das extremidades pegajosas e obter algumas estruturas novas. Esta técnica, denominada técnica do ADN recombinante, é uma das principais técnicas de união de ADN heterogéneo. Nem todas as restrictionases de segunda classe fazem quebras algures à parte, algumas rasgam exatamente no meio e obtêm-se as chamadas extremidades rombas, ou seja, duas cadeias terminam no mesmo local, não se podem colar, mas devido ao facto de, neste caso, permanecer um grupo fosfato na posição 5' (cinco barras) da desoxirribose, servem de substrato para a DNA ligase. Quando as extremidades pegajosas são unidas, ocorre uma quebra de cadeia simples, que é também um local conveniente para a ligação da DNA ligase. Ou seja, o advento das restrictionases e das DNA ligases como ferramentas analíticas levou ao facto de se ter tornado possível juntar diferentes fragmentos de ADN. Nalguns casos podem existir vários tipos de restrictases numa célula, noutros casos observamos que as bactérias não possuem tais restrictases (da segunda classe), elas funcionam à custa das restrictases da primeira classe, mas a junção das extremidades pegajosas é geralmente aleatória e para não juntar todas seguidas faça o seguinte: digamos que o ADN é retirado de duas fontes diferentes, portanto, um ADN é processado pela restrictase e fica como estava, e no segundo ADN após o processamento pela restrictase os fosfatos finais são removidos, o que significa que essas moléculas não se podem juntar umas às outras e a ligase não funciona neste sistema. No caso do ADN com a extremidade 5' (cinco cadeias) fosforilada, esta molécula pode juntar-se a ela e, como resultado, apenas se juntam fragmentos de duas fontes diferentes. Considerando que, normalmente, estas construções são feitas não a partir do ADN total de uma bactéria ou vírus, mas a partir de uma construção especialmente concebida. Muitas vezes, esta construção pode ser feita em quantidades ainda maiores, de modo a poder ser unida com ADN de outra fonte e, ao mesmo tempo, ter apenas um ponto de rutura, o que faz com que, num ADN de uma bactéria ou vírus, diferentes fragmentos de ADN de outro organismo sejam incorporados num determinado local. É assim que se criam as chamadas bibliotecas genéticas. Para que uma tal construção produza algo, tem de ser introduzida na célula. Para as células bacterianas, considerámos os mecanismos correspondentes (mecanismo de transformação genética), que em tempos serviram para a descoberta do papel genético do ADN e este mecanismo, ligeiramente melhorado, ainda hoje é utilizado. As bactérias são tratadas de uma certa forma para melhorar a sua permeabilidade (os pontos onde se ligam os iões de cálcio que absorvem bem o ADN). O ADN a injetar é diluído num tampão adequado, frequentemente com a adição de catiões divalentes. As condições de preparação da célula, em que a célula tem uma substituição na superfície dos iões e a perturbação da carga no invólucro, fazem com que a absorção do ADN se torne mais eficiente. Adiciona-se uma grande quantidade de ADN e as células são dispersas onde a genética já estará a atuar. Desta forma, obtêm-se colónias, para as quais são utilizados diferentes métodos de seleção, dependendo da existência ou não de uma inserção. É importante salientar que estas enzimas de restrição permitem unir fragmentos de ADN heterogéneos, criando extremidades pegajosas. A sequência reconhecida pela segunda classe de enzimas de restrição tem tipicamente quatro, cinco ou seis pares de nucleótidos. Frequentemente, as restritases que reconhecem sequências diferentes mas semelhantes criam extremidades pegajosas idênticas.

O terceiro tipo de restrições

A terceira classe de restrições combina algumas das propriedades da primeira classe e algumas das propriedades da segunda classe. Reconhecem uma sequência assimétrica relativamente pequena, tal como a primeira classe. Fazem uma quebra num local estritamente definido de acordo com o princípio de uma certa distância da sequência reconhecida. Se a primeira classe faz um loop longo e depois destrói um fragmento muito grande, então aqui há uma rutura de apenas duas cadeias com um pequeno deslocamento (normalmente de 2-4 nucleótidos), como regra, não na sequência em que é reconhecida, mas com algum deslocamento da mesma. Ou seja, se houver uma sequência reconhecível, a enzima senta-se nela e faz uma quebra. As caudas de cadeia simples são novamente produzidas, mas como a sequência é assimétrica, são sempre produzidas estritamente numa das extremidades da sequência e num local estritamente definido. Os locais formados serão únicos para cada ponto de quebra. As extremidades resultantes são diferentes para cada ponto, o que faz sentido em alguns casos. Assim, por exemplo, quando precisamos de pegar num ADN grande e isolar um pequeno fragmento dele, podemos pegar nele e tratá-lo com restrictionases de classe 3, depois tratar um desses fragmentos com uma restrictionase de classe 2 e retirar o pedaço de lá, e depois já remontar a molécula, porque as extremidades pegajosas em cada quebra serão diferentes e quando tudo for misturado de novo serão remontadas pela mesma ordem.

Sistemas de tipo restrito

É de salientar que existem alguns casos em que as células possuem enzimas que reconhecem algumas das suas sequências, nas quais são introduzidas lacunas, o que é utilizado em processos de recombinação. Ou seja, existem pontos quentes de recombinação onde são introduzidas quebras, num princípio semelhante ao das restrictionases. Um sistema semelhante é utilizado por alguns vírus para se infiltrarem no ADN do hospedeiro. Em todos estes casos, não pode haver muitos destes pontos no genoma, pelo que este tipo de sistema reconhece, em regra, sequências bastante longas. As nucleases específicas responsáveis pelos pontos de recombinação tendem a reconhecer mais de oito nucleótidos na sequência, que são utilizados para permitir algum tipo de processo de recombinação num local estritamente definido do genoma. Por vezes, este tipo de quebras é utilizado como um processo regulador. Foi mencionado anteriormente que a viragem de um determinado local, por exemplo, na levedura, resulta numa alteração do tipo de acasalamento, ou seja, o local que contém a região promotora do local de início do gene é orientado para um lado ou para o outro como resultado. Os efeitos são exatamente os mesmos para as nucleases nomeadas, especialmente nos vírus, que podem mudar alguns dos seus genes em função da estirpe hospedeira. Estas enzimas foram designadas nucleases de homing (nucleases 1yutschd).

A tarefa da célula é produzir as proteínas corretas numa quantidade estritamente definida e, para esse efeito, é criada uma determinada sequência de ligações de aminoácidos. Esta sequência de aminoácidos é codificada como uma sequência de nucleótidos no ADN. Reconheceu-se imediatamente a seguinte contradição: o ADN das células eucarióticas encontra-se no núcleo e a síntese proteica tem lugar no citoplasma. Inicialmente, esperava-se que, onde há ADN, a síntese teria lugar nos cromossomas, mas coincidiu com a época da difusão do método de microscopia eletrónica, e começaram a fazer a chamada radioautografia eletrónica. Pegava-se num objeto e injectava-se nele um marcador radioativo, que se ligava a um determinado local ou se localizava apenas em algumas partes durante um curto período de tempo. Neste caso, estamos interessados na situação em que os aminoácidos radioactivos com alguma velocidade foram incluídos numa célula e se apanharmos um tempo relativamente curto e fixarmos essas células, então podemos observar que a etiqueta começou a ser incluída nas proteínas, mas ainda não se formaram proteínas radioactivas praticamente inteiras. Se, neste estado, a célula for dividida em componentes separados, ou seja, se a membrana celular for suavemente lisada e os organelos que aí se encontram forem divididos e depois de se eliminarem os núcleos, é possível ver como a radioatividade se distribui. A radioatividade encontra-se principalmente no citoplasma, mas as proteínas podem ser precipitadas com ácido ou ligadas de outra forma e esta fração proteica pode ser medida.

Esperava-se que a proteína fosse sintetizada no núcleo, onde se encontra o ADN, mas verificou-se que toda a incorporação ocorre no citoplasma. Em seguida, foi utilizado o método de radioautografia eletrónica, que consistia no facto de a célula não ser destruída após a inclusão do marcador, mas sim fixada, sendo-lhe feitas fatias finas para microscopia eletrónica, colocadas num substrato especial e ainda no escuro vertida a fotoemulsão. No local onde se encontravam as partículas radioactivas, sob a ação de partículas (carbono C14), foi iluminada uma pequena quantidade de película. E antes disso, a etiqueta solúvel na forma de aminoácidos foi lavada com uma solução ácida. Após a incubação, a emulsão foi submetida às habituais e foram produzidos os grãos de prata acima do local onde a radioatividade se tinha acumulado. Eram da mesma escala, и sobre o núcleo das marcas praticamente dificilmente foi observada, Tudo acabava no citoplasma, onde estava associado a certos grânulos visíveis ao microscópio eletrónico. Estes grânulos, bastante padronizados, encontravam-se em todas as células estudadas, pelo que surgiu a ideia de que as próprias estruturas destes grânulos eram locais de síntese proteica.

RNA e DNA em sistemática. Caraterísticas do grupo Archaea

Surgiu uma questão muito razoável: se o ADN transporta informação e se situa no núcleo, de onde vem a informação para a síntese no citoplasma nestes grânulos? Foi então proposto o conceito de um intermediário ou mensageiro que transporta a informação do ADN para o local da síntese proteica. Este intermediário é o ARN.

De facto, as partículas em que se observou a inclusão de aminoácidos radioactivos são maioritariamente compostas por ARN (no caso das células bacterianas, 2/3; no caso das células eucarióticas, cerca de 50%). O ARN, por sua vez, vai para a célula para sintetizar proteínas e, chegando à célula, forma estas partículas sintetizadoras de proteínas, e cada uma destas partículas sintetiza a sua própria proteína. Este conceito existiu durante muito tempo, acreditava-se que a maior parte do ARN que vemos no citoplasma é uma matriz para a síntese de proteínas, mas mais tarde verificou-se que isso não é bem verdade.

No citoplasma havia partículas que continham muito ARN, nas quais se efectuava a síntese de proteínas. Estas partículas podem ser obtidas da célula através de uma ultracentrifugadora. Obtém-se uma solução de aspeto límpido, mas muito opalescente, porque contém muitas proteínas dissolvidas. Se esta solução for centrifugada a uma aceleração superior a 100 000 g durante uma hora, obtém-se um precipitado claro no fundo. Este precipitado revelou-se ser as partículas que sintetizam a proteína. Estas partículas são chamadas ribossomas.

Apesar de se ter assumido o contrário, verificou-se que a composição do ARN ribossómico era diferente da composição do ADN celular, sendo também quase idêntica em diferentes espécies de organismos. Ou seja, enquanto o ADN tinha especificidade na composição dos nucleótidos, o ARN ribossómico não tinha.

Depois de Chargaff, porque tinha um pequeno leque de objectos, mas já havia indicações de que a composição do ADN era específica de cada espécie, foram realizados vários trabalhos semelhantes, nomeadamente por Davidson na Universidade de Chicago, Spirin e Belozersky no nosso departamento, que analisaram a composição nucleotídica do ADN e do ARN em diferentes organismos. O trabalho com bactérias levou a que descobrissem que em diferentes espécies de bactérias a composição varia dentro de limites muito amplos, ou seja, há bactérias em que 2/3 das bases azotadas são guanina e citosina e 1/3 adenina e vice-versa, ou seja, as variações são muito amplas, mas o ARN total da célula não tem essas variações, é aproximadamente o mesmo. A questão é que, se compararmos a composição do ADN e do ARN dos organismos, verifica-se que, embora todos os organismos tenham uma composição de ARN semelhante, é necessário ter em conta a correlação entre a composição do ARN e do ADN. E se for feita uma distribuição, verifica-se que para uma determinada %GC de ADN, a %GC de ARN estará num valor dependente diferente (Fig. 8.4). A partir desta correlação, concluiu-se que existem duas fracções de ARN na célula. A primeira é aproximadamente a mesma em todas as células, ou seja, desempenha uma função comum, e a segunda transporta informação e está correlacionada com o ADN na sua composição.

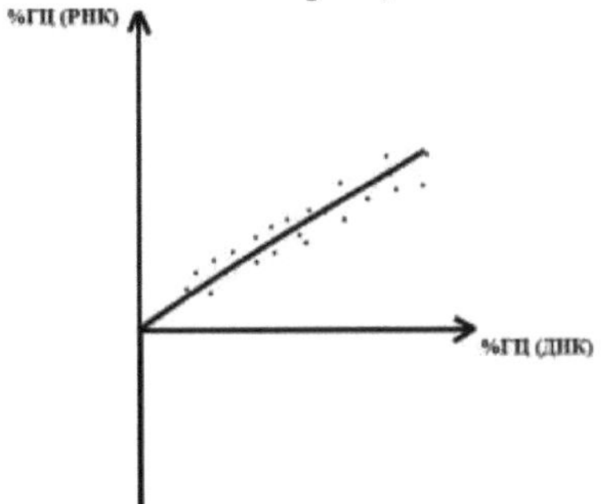

Figura 8.4 Correlação entre as composições percentuais de guanina-citosina do ARN e do ADN

Em seguida, um grupo de investigadores americanos efectuou um trabalho experimental para produzir ARN. Pegaram em células E. coli e infectaram-nas com um determinado vírus. Num estado normal, a célula sintetiza diferentes proteínas e ARN, que deve ter uma composição semelhante à do

ADN da bactéria e, ao mesmo tempo, deve estar ligado aos ribossomas. Quando um vírus entra, desliga os sistemas celulares e cria o seu próprio ARN e este ARN deve ir para os ribossomas e dirigir a síntese de outras proteínas. Os investigadores deram fósforo radioativo à célula no momento da infeção com o vírus. As células absorveram prontamente o fosfato radioativo e começaram a incorporá-lo em ácidos nucleicos e nucleótidos. A etiqueta foi incorporada nos ribossomas. Os ribossomas foram separados utilizando um gradiente de sacarose, ou seja, foi criado um gradiente de concentração de sacarose num copo de ultracentrifugação, o lisado celular foi colocado por cima, depois centrifugado e as partículas, dependendo da sua massa e tamanho, moveram-se a diferentes velocidades, formando zonas, depois, este gradiente foi dividido em fracções e nelas foi medida uma determinada proporção de componentes, em que a absorvância UV foi medida a 260 nanómetros e se verificou que havia alguma quantidade de material no fundo, depois foi observado um pico correspondente aos ribossomas e uma pequena quantidade de material no menisco. Nesta altura, parece haver uma absorção de UV fora das células infectadas. Quando as partículas deste pico foram recolhidas, verificou-se que se tratava de ribossomas.

No decurso da investigação, verificou-se que existe uma fração separada de ARN que transporta a informação do ADN para o local da síntese proteica e que os ribossomas são a estrutura especial para a síntese. Os investigadores demonstraram que existem dois tipos de ARN, fundamentalmente diferentes nas suas funções: um é o ARN ribossómico, que forma as suas próprias partículas nas quais a síntese tem lugar, o segundo tipo é o ARN que transporta informação (ARN mensageiro) - ARN matriz (ARNm).

O ribossoma é constituído por duas subunidades, e cada uma delas tem um ARN muito longo na sua base. A subunidade grande tem um ARN que consiste em cerca de 3500 a 4200 nucleótidos. A subunidade pequena tem metade do ARN (algures entre 1600 e 2000 nucleótidos). Existem dois grupos distintos: ribossomas bacterianos e procarióticos que diferem no tamanho do ARN.

Os ARN ribossómicos não são apenas semelhantes em tamanho, mas também muito semelhantes entre si na sequência de nucleótidos. Esta elevada conservadorismo dos ARN ribossómicos é um padrão no campo da sistemática dos organismos vivos. Desde os anos 70, os microbiologistas introduziram o critério da composição dos nucleótidos do ADN como uma caraterística sistemática, sem a qual a descrição de um novo micróbio não é aceite.

A análise revelou que as substituições na subunidade pequena ocorrem em casos muito pequenos. E, pela sequência de nucleótidos, tornou-se claro que todo o reino dos procariotas está dividido em dois ramos distantes.
Os representantes de um ramo vivem em condições bastante extremas e sobrevivem exatamente nas condições em que se adaptaram nos tempos antigos. Este grupo chamava-se Archaebacteria, atualmente chama-se simplesmente Archaea. Descobriu-se que estes organismos têm uma estrutura diferente de ribossomas, onde existem áreas adicionais que também existem nos eucariotas, mas não nas bactérias. Algumas Archaea não têm fosfolípidos na membrana, as suas membranas são construídas com um tipo diferente de substância que lhes permite viver em áreas onde a temperatura excede os 200 graus Celsius. Este tipo de termófilos tem outra propriedade - normalmente são também oxidófilos. Verificou-se que, de acordo com a sequência de nucleótidos do pequeno ARN ribossómico, são muito diferentes das outras bactérias e muito semelhantes aos eucariotas.

Outros tipos e funções do ARN

Outra espécie que foi descoberta no estudo da síntese proteica são os chamados RNAs de transporte, que transportam aminoácidos para o local da síntese.
Assim, é de notar que foram consideradas as três principais espécies de ARN, mas existem muitas mais. Existem também espécies de ARN que modificam estas espécies de ARN em locais específicos, ou seja, determinam o endereço e o mecanismo de modificação. Há mais de uma dúzia de classes de ARN numa célula eucariótica e, como consequência, estão todos dispostos de forma diferente e comportam-se de forma diferente. Mas são sempre de cadeia simples, o que se deve ao facto de cada ARN celular ser uma cópia de uma secção específica do ADN, retirada de uma só cadeia. O ADN diverge num determinado local, é sintetizado um ARN complementar numa das cadeias e a segunda cadeia fica simplesmente à espera da sua vez para formar uma estrutura de dupla hélice. As células utilizam este fenómeno para se defenderem das infecções virais.

CAPÍTULO 9

9. Transcrição

Diferença entre a síntese de ARN e a síntese de ADN

A síntese de ARN chama-se transcrição. A diferença fundamental é que, no caso da síntese de ADN, toda a molécula é copiada, enquanto que, no caso da síntese de ARN, é copiada uma determinada secção e apenas uma cadeia. A ligação entre o nucleósido trifosfato fosfato é efectuada. O açúcar transporta uma base que se liga à cadeia matriz e a fixação ocorre neste local. Se o emparelhamento for correto, o fosfato vai para a terceira hidroxila da extremidade do filamento recém-sintetizado. Tudo isto acontece no centro ativo, que tem dois iões de magnésio firmemente ligados. Estes iões de magnésio estão ligados de forma coordenada e eletrostática a resíduos de ácido aspártico. Três destes resíduos mantêm os iões unidos. Um é mantido firmemente em complexo com três resíduos, outro é mantido com apenas dois, e o terceiro liga-se ao pirofosfato do nucleótido. Desta forma, há uma compensação de carga no fosfato, que por sua vez ataca o oxigénio na terceira posição da ribose. A fixação por iões de magnésio e açúcar acelera assim o curso da reação. Isto só é possível se o nucleótido for complementar. As enzimas envolvidas são designadas RNA polimerases dependentes do ADN e foram as primeiras a ser descobertas na síntese dos ácidos nucleicos, porque o ARN deve ser sintetizado em grandes quantidades em qualquer altura (Fig. 9.1).

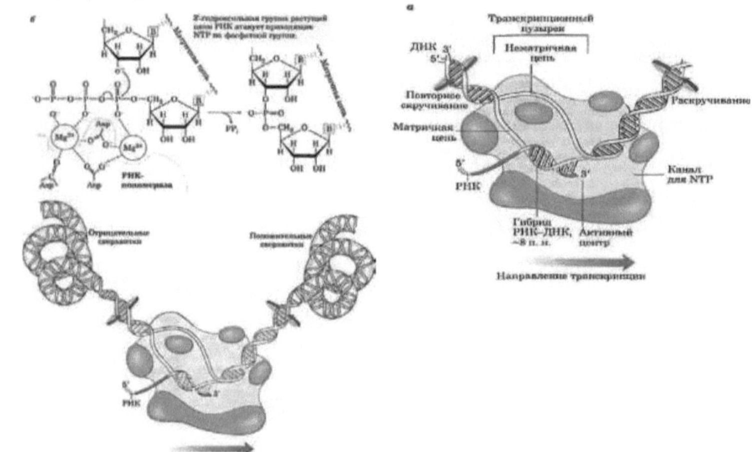

Figura 9.1. Mecanismo de transcrição

Diferem das polimerases de ADN nas suas propriedades. Ao contrário das polimerases de ADN, as polimerases de ARN dependentes de ADN não necessitam de inóculo, esta polimerase pode independentemente

formar o primeiro
uma ligação inter-nucleotídica. A segunda diferença é que os seus erros são muito mais frequentes (um por cada 10 000 casos, em média). Além disso, o conceito de processividade não é muito aplicável aqui, porque o comprimento do produto resultante depende não das propriedades da enzima, mas da sequência transcrita. Existem outros sítios presentes na enzima. Falando de tais enzimas, devemos começar com as enzimas bacterianas.

PHK polimerase dependente de ADN em bactérias

Esta enzima, para além de realizar a reação de polimerização, deve ser capaz de fazer uma série de outras coisas. Em primeiro lugar, produzir uma molécula com um determinado comprimento: iniciariniciar a sua síntese num determinado num determinado local e terminar num determinado local. Por isso, tem de reconhecer esses sítios. Em primeiro lugar, tem a função suplementar de reconhecer o início da leitura. Em segundo lugar, tem de desenrolar o ADN, porque a cadeia matriz para a transcrição deve estar livre da cadeia complementar. Em terceiro lugar, deve devolver o ADN à sua estrutura original após a leitura. Nas células bacterianas, uma única enzima faz tudo isto, e tem uma estrutura complexa. Para começar, é construída a partir de um grande número de subunidades diferentes. Tem uma massa de aproximadamente 350 kDa (Figura 9.2).

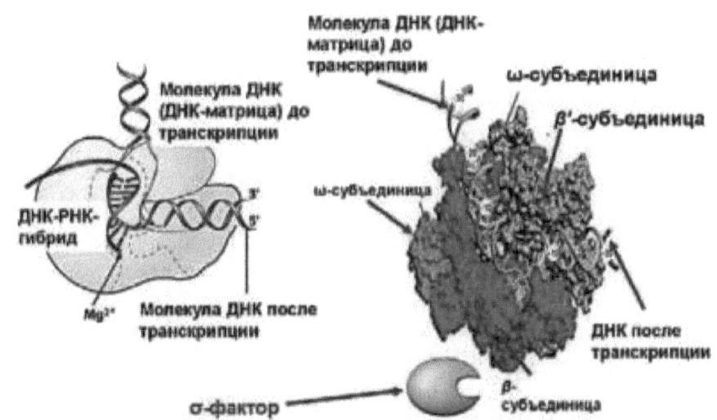

Figura 9.2. Estrutura da RNA polimerase procariótica

Subunidades enzimáticas 2α, β, β', ω, σ (nem sempre presentes). Muitas vezes, a molécula de enzima é obtida sem a última ou as duas últimas subunidades. Se a enzima estiver completa, a enzima produz os RNAs corretos nas matrizes, e se as subunidades σ (38 kDa
= cerca de 300 resíduos a/k) não está presente, então é menos ativo e também resulta num conjunto de fragmentos de comprimento aleatório. Assim, σ afecta a precisão do início da leitura. Ou seja, a sua função é reconhecer o

ponto de início da transcrição. Um dos grupos de vírus sobre os quais foram efectuados estudos foi um grupo de fagos T-even. Trata-se de fagos bastante grandes com um grande número (mais de 50) de genes. Estes genes são transcritos de forma não simultânea. A RNA polimerase alterna a leitura de cada grupo (super precoce, precoce e tardio). A RNA polimerase foi isolada de células infectadas que tinham passado a sintetizar os genes tardios, e verificou-se que quando o RNA era sintetizado, apenas os genes tardios eram sintetizados. O mesmo acontecia com os genes precoces. Portanto, era como se a RNA polimerase tivesse duas formas. Mas acontece que a RNA polimerase viral tem uma subunidade diferente. Ou seja, o vírus muda a subunidade na célula, quando entra na célula nos genes iniciais funciona a enzima bacteriana (hospedeira), entre os genes que transcreve há um gene que codifica a sua própria subunidade σ. Quando esta subunidade começa a formar-se, começam a ser lidos os genes tardios. Entre eles está um gene de proteína que modifica e resulta na degradação da subunidade hospedeira. Assim, os genes precoces e do hospedeiro deixam de funcionar e passam a fornecer o vírus através da sua transcrição no gene. Este mecanismo ocorre não só na infeção viral, mas também na atividade normal da vida das bactérias. Verificou-se que, para além da E. coli, existem várias subunidades menores, para além da subunidade maior, que são responsáveis por grupos específicos de genes. Uma delas está associada a certos genes do metabolismo do azoto, outras - à síntese de proteínas de choque térmico (resposta a influências adversas), e estas subunidades reconhecem o início de diferentes genes. O que é que está a ser reconhecido exatamente? Jacob e Manot estudaram mutações em E. coli para determinar a sua capacidade de utilizar a lactose. Descobriram que, à frente do gene que codifica a enzima metabolizadora da lactose, existe uma região não codificadora, mas as mutações nessa região fazem com que a enzima deixe de ser formada. Os investigadores levantaram a hipótese de esta região servir para fixar uma RNA polimerase e chamaram a esta região o promotor. A parte codificante começa geralmente na adenina e, em todas as regiões anteriores, há duas sequências que são um pouco semelhantes entre si e, por vezes, completamente sobrepostas. Quando se calcula a média destas sequências, a sequência a 6 nucleótidos de distância do início é TATAAT. A sequência média calculada desta forma é designada por sequência consenso (Fig. 9.3).

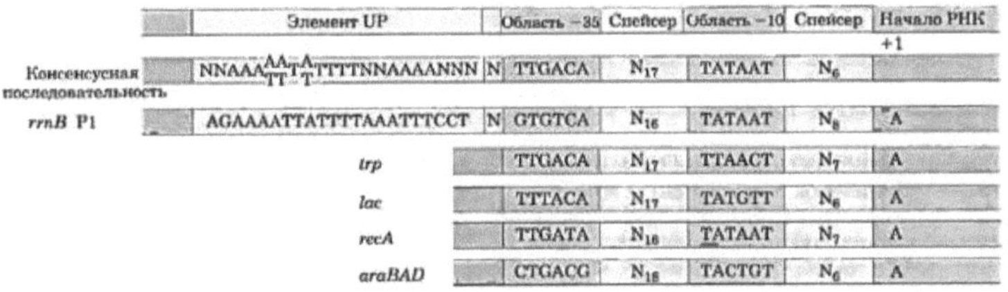

	Элемент UP		Область −35	Спейсер	Область −10	Спейсер	Начало РНК +1
Консенсусная последовательность	NNAAA(AA/TT)T(A/T)TTTTNNAAAANNN	N	TTGACA	N_{17}	TATAAT	N_6	
rrnB P1	AGAAAATTATTTTAAATTTCCT	N	GTGTCA	N_{16}	TATAAT	N_8	A
trp			TTGACA	N_{17}	TTAACT	N_7	A
lac			TTTACA	N_{17}	TATGTT	N_6	A
recA			TTGATA	N_{16}	TATAAT	N_7	A
araBAD			CTGACG	N_{18}	TACTGT	N_6	A

Figura 9.3. Promotores típicos de E. coli reconhecidos pela holoenzima da RNA polimerase contendo σ70. A sequência de consenso para PROMOTORES de E. coli reconhecidos poré mostrada em segundo lugar a partir do topo. Os sítios intermédios (espaçadores) têm um número de nucleótidos (N) fracamente divergente. Apenas é apresentado o primeiro nucleótido da sequência que codifica o transcrito (posição +1).

Se considerarmos uma sequência de 6 nucleótidos e a representarmos pelo seu centro geométrico, este será a 10ª posição desde o início da síntese, pelo que esta região foi designada por região "-10". Mais à frente, após uma certa distância (16-17 pb) existe outra região, cujo centro se situa na posição "-35", daí o seu nome, e também aqui TTGACA é uma sequência de consenso. Quanto mais próxima a sequência estiver da sequência de consenso, melhor será reconhecida pela RNA polimerase e mais frequentemente a RNA polimerase iniciará a síntese nessa sequência. Se a sequência for boa (como nos genes ribossómicos), então um grande número de produtos será sintetizado nela, se for pior (como na proteína RecA), então um número menor será sintetizado. Lac - um grupo de genes que codificam a digestão da lactose, será ainda menor devido à maior diferença em relação às sequências de consenso. araBAD - estas são proteínas de digestão do açúcar arabinose, e apenas três proteínas são codificadas na região "-35", N entre as regiões é maior - este grupo de genes funcionará ainda pior.
No mesmo trabalho, Jacob e Mano mostraram que a transcrição não é de um único gene, mas de um grupo de genes. Ou seja, formam-se matrizes policistrónicas, que estão relacionadas com o metabolismo da lactose, e o operão Lac contém três proteínas, ou seja, contém 3 proteínas sobre as quais se forma um mRNA. É de notar que no espaçador entre as sequências -10 e -35 se encontram 16 ou 17 nucleótidos, no entanto, ao aumentar para 18-19 nucleótidos, o trabalho pára, embora esta distância seja pequena (apenas 7 angstroms). Isto deve-se ao facto de haver um deslocamento da hélice! A, pensando bem, a subunidade β sobrepõe-se num dos lados.
Uma vez que a sequência de consenso é conhecida, quando se constrói um gene ou um grupo de genes para expressão em células l, pode simplesmente colocar-se a sequência mais consensual a montante. Mais frequentemente, esse fragmento é sintetizado e ligado ao ADN correspondente através da

restrictidase ou da ligase.

Mecanismo de transcrição

A enzima, depois de ligar a subunidade σ a este local, entra em contacto não só com a subunidade σ, mas também com a subunidade σ, que segura a enzima ao reconhecer a sequência. Mas as subunidades β e β'- estão dispostas de tal forma que o ADN fica como que ensanduichado entre elas. Ou seja, entra no espaço entre estas subunidades e fixa-se aí. Depois há um atraso na síntese, que se deve a dois processos. O primeiro é que a polimerase, tendo-se fixado no ADN, fixa-se no ADN de dupla hélice e, portanto, não pode iniciar a síntese porque a hélice está fechada. Além disso, a polimerase, embora possa iniciar a síntese por si própria, não pode desemaranhar o ADN por si própria, pelo que fica à espera de flutuações na estrutura (recorde-se que as interações que mantêm a dupla hélice unida são bastante fracas em cada ponto específico). Assim que as cadeias se desenrolam devido ao movimento térmico, a polimerase fixa esta secção, formando uma quebra de cadeia simples no seu interior (Fig. 9.4).

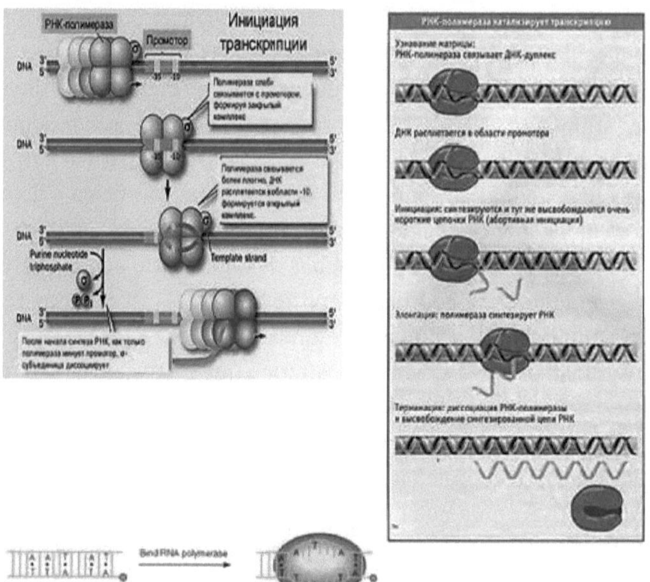

Figura 9.4. Início da transcrição (em cima), mecanismo de transcrição (^paßa) e formação do complexo ABERTO (EM BAIXO)

Este local de cadeia simples dentro da enzima é pequeno (6-8 nucleótidos de cadeia simples). Uma vez fixado, a enzima inicia a síntese neste local do ARN. A ARN polimerase sintetiza cadeias de ARN e rejeita-as se tiverem até

10 nucleótidos de comprimento (fase de iniciação abortiva), após o que inicia a síntese completa da cadeia longa de ARN. Presumivelmente, isto acontece porque a polimerase de ARN é grande e o ARN que começa a separar-se da matriz durante a síntese tem de entrar num determinado canal para sair. Nem sempre consegue entrar. Se ficar preso, é deitado fora. A síntese começa quando o ARN entra num determinado canal, depois o ARN começa a sair e a enzima, movendo-se ao longo da matriz, continua a síntese, desenrolando o ARN na parte da frente e entrançando o ADN na parte de trás e separando o ADN do ARN. A hélice ADN-ARN é mais forte do que a hélice ADN-ADN, pelo que é necessário gastar energia para a separar. A fonte de energia é a energia de ligação entre os NTPs (trifosfatos de nucleósidos) que entram na reação e a ligação fosfodiéster que sai do ARN. A subunidade σ dissocia-se após o início da síntese. É de notar que a polimerase não desenrola o ADN, mas que o super-helicaliza. Portanto, a presença de super-helicalização negativa do DNA aumenta drasticamente a taxa de iniciação da transcrição. A taxa pode ser aumentada (por exemplo, se o ADN for linear em vez de helicoidal) através da adição de topoisomerase II.

Rescisão

A polimerase não tem preferência por sequências específicas, mas há zonas onde abranda. São as chamadas pausas de transcrição, e ainda não se sabe porque é que isso acontece. Não é uma paragem, é exatamente um abrandamento. Quando a enzima passa por este sítio, desloca-se até encontrar um sinal que significa o fim desta unidade de transcrição, chamado terminador. Normalmente, existe uma sequência especial na qual a síntese pára, que tem certas caraterísticas. Esta secção contém uma repetição interna invertida (palíndromo), que faz com que o ARN se dobre para formar um hairpin (dentro da polimerase) à medida que passa por esta secção. Por um lado, o hairpin inibe a polimerase, por outro, encurta a parte exterior, o que reduz a velocidade de movimento do ARN livre e da própria polimerase. Em segundo lugar, após este hairpin existe normalmente uma cadeia de ADN rica em AT, que é assimétrica. Ou seja, uma das cadeias - a cadeia matriz - tem mais adeninas, pelo que se formam muitos pares AU. Estes pares deformam as hélices, a ligação entre a matriz e o ARN sintetizado é enfraquecida, o que leva à libertação do ARN do complexo. Esta é uma variante da terminação (Fig. 9.5).

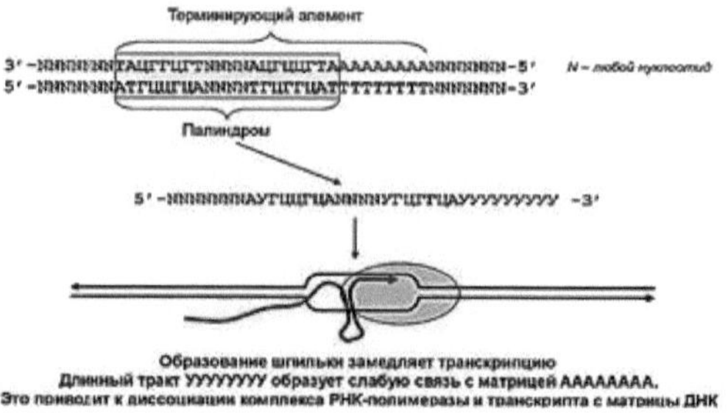

Figura 9.5. Terminação sem proteínas auxiliares

A segunda variante de terminação está associada à presença de proteínas especiais, em particular, na E.coli é o chamado fator "ro". Assim que o ARN deixa a polimerase durante a síntese, o fator Rho liga-se a ela.

O fator Rho, gastando energia ATP, arrasta-se ao longo do ARN desde a extremidade 5'até à extremidade 3'e a ARN polimerase arrasta-se ao longo do ADN, sintetizando o ARN e alongando a extremidade 3'. Isto continua até a polimerase ficar presa por alguma razão. Então, o fator Rho começa a puxar o ARN para fora da polimerase e o complexo quebra-se. Como resultado, o ARN é libertado (Figura 9.6).

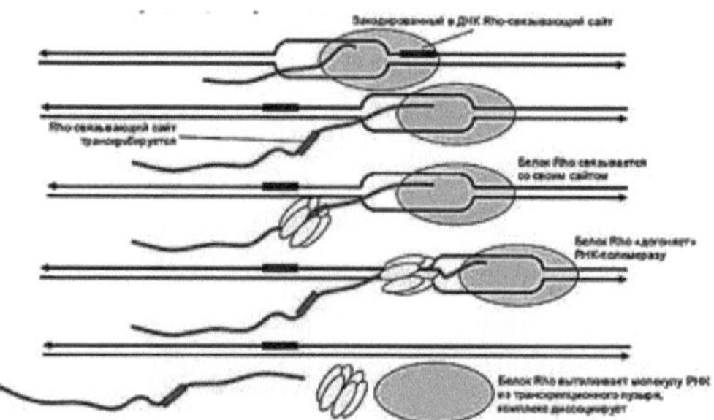

Figura 9.6. Terminação envolvendo proteínas auxiliares

Regulação da transcrição

Após a terminação, tudo volta ao estado original: o ADN é helicoidal, a enzima é libertada e tudo está pronto para ser repetido. Mas a polimerase não se senta necessariamente no mesmo promotor. Por isso, existem mecanismos de regulação da transcrição. O primeiro consiste em diferentes promotores (alguns sítios têm uma iniciação mais ou menos frequente). O segundo investiga o efeito da disponibilidade do substrato na enzima que o cliva. Jacob e Manot investigaram a digestão da lactose pela lactase intestinal.

por E. coli. A E. coli vive no intestino grosso. Alimenta-se daquilo que o corpo humano não é capaz de digerir. A E. coli entrou numa situação em que havia açúcar do leite como fonte de alimento. Mas a lactose não é absorvida pelas células, pelo que tem de ser decomposta, ou melhor, é mal absorvida pelas células e, uma vez lá dentro, continua a não ser metabolizada, a menos que seja hidrolisada. A enzima que separa a galactose da glucose é a beta-galactosidase. Mas esta enzima só é necessária quando a lactose é ingerida com os alimentos. Portanto, não é muito frequente. Por isso, a E. coli não produz normalmente esta enzima. Se pegarmos numa cultura de E. coli, a colocarmos num meio normal que contenha glicose e aminoácidos, ela crescerá bem, mas se destruirmos as células e medirmos a atividade da beta-galactosidase, verifica-se que a atividade é zero. Se adicionarmos lactose a este meio, destruirmos as células e medirmos a atividade, verifica-se que existe uma grande quantidade de beta-galactosidase. Além disso, ela começa a formar-se muito rapidamente. Jacob e Mano receberam mutantes que não conseguiam crescer com lactose e mapearam essas mutações por métodos genéticos. Descobriram que as mutações se dividem em três grupos. O primeiro é a ocorrência de substituições de aminoácidos no gene, ou seja, mutações que alteram a proteína. Por isso, mapearam o próprio gene, que acabou por ser um gene de tamanho médio. À frente da sequência do gene da beta-galactosidase havia um segundo grupo de mutações. As mutações neste grupo fariam com que a enzima deixasse de ser formada. Assumiram que a transcrição começa neste local e chamaram-lhe promotor.

Na mesma região, surgiram mutações distintas, que levaram ao facto de a beta-galactosidase começar a formar-se independentemente da presença de galactose. Ou seja, a região revelou-se heterogénea (síntese constitutiva). O terceiro grupo de mutações situava-se bastante afastado do gene principal e as mutações nesta região levavam, regra geral, a que a enzima começasse também a ser sintetizada de forma permanente, embora por vezes se verificasse o contrário: a enzima não era sintetizada mesmo na presença de lactose. Supôs-se que esta última região era uma proteína que regulava o trabalho do gene e foi designada por genoregulador; a região em frente do gene da beta-galactosidase, que dava uma síntese constante, foi designada por operador. Foi ainda levantada a hipótese de que o genoregulador codificava uma proteína específica que reconhecia a sequência do sítio operador. Esta proteína foi designada por proteína repressora. Ao aterrar no operador, a proteína repressora bloqueia o ADN nesse local e impede a RNA polimerase de se ligar ao promotor. Por conseguinte, quando as células crescem na ausência de lactose, o promotor é bloqueado e a ARN polimerase não se pode sentar no promotor - a informação não é lida e não se forma qualquer proteína. Se a lactose entrar na célula, liga-se à proteína repressora e, consequentemente, a proteína repressora não pode ligar-se ao sítio do operador. A ligação é proibida, mas o promotor é aberto. A RNA polimerase senta-se no promotor e inicia a transcrição. A matriz de ARN é formada e uma proteína, a beta-galactosidase, é lida a partir dela. A proteína cliva a galactose e, quando toda a galactose é clivada, o repressor é libertado e volta a ligar-se ao gene, ou seja, a enzima só é formada quando há lactose no meio (Fig. 9.7).

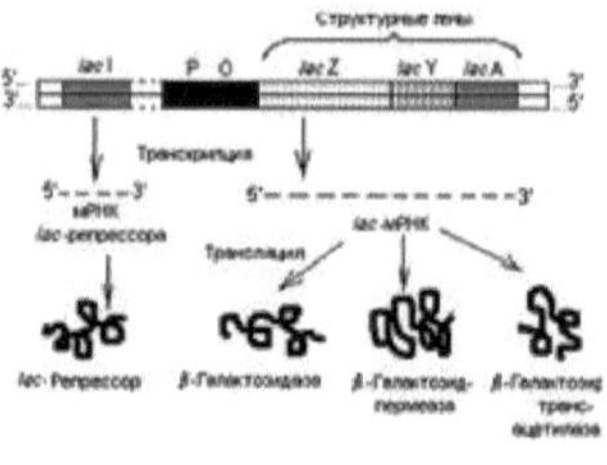

Figura 9.7. Regulação da transcrição. Operão Lac

Há um estrangulamento neste esquema. Para que a lactose se ligue ao repressor, tem de entrar na célula. Não pode entrar na célula por si só. E verificou-se que, por trás do gene da beta-galactosidase, existe um gene que codifica uma proteína que transporta a lactose através da membrana. É o chamado transportador de lactose. Há também um terceiro gene que altera o tipo de ligação na lactose, tornando-a iso-lactose, que é um ligante mais forte para a proteína repressora. Assim, quando a lactose entra na célula, e há muito pouca beta-galactosdase na célula, esta proteína consegue isomerizar alguma da lactose, e desbloqueia este operão. Isto foi originalmente proposto como um esquema para explicar os fenómenos genéticos. Jacob e Manot também testaram este esquema noutro gene da E. coli, o gene da fosfatase alcalina.

A regulação da síntese da fosfatase alcalina (ALP) é um pouco inversa. A fosfatase alcalina é necessária para libertar o fosfato dos compostos orgânicos. Normalmente, este é um produto de degradação no ambiente da Escherichia coli. Para que o fosfato ligado se torne livre e disponível para ser transportado para a célula, tem de ser hidrolisado, e a fosfatase alcalina faz exatamente isso. Está localizado no espaço entre a parede celular e a membrana. Assim, apenas o fosfato passa através do limite da parede celular e é imediatamente absorvido pela parede celular. A célula necessita de fosfato alcalino apenas quando não existe fosfato livre no meio. Quando há fosfato, as células não formam fosfato alcalino, mas quando não há fosfato, elas formam-no. A tarefa é inversa e o mecanismo é o mesmo: existe uma proteína repressora, que se liga ao fosfato e se liga aos operadores de sequência nesta forma, ou seja, o operador é reconhecido pela proteína em complexo com o ligando.

Pode haver casos em que a transcrição é interrompida prematuramente. É a chamada regulação atenuadora. Em particular, funciona em E. coli no caso da regulação do operão triptofano (um grupo de genes que são responsáveis pela síntese do aminoácido triptofano). O triptofano necessita de uma pequena quantidade de triptofano. A síntese do ARN começa na matriz de ADN e, após a ARN polimerase, não é um fator Rho, mas um ribossoma que se senta no ARN e começa a sintetizar a proteína. Além disso, sintetiza um sítio em frente da proteína desejada. Este sítio tem sequências complementares. Se houver triptofano suficiente na célula, e se o triptofano for incorporado no ribossoma a tempo, o ribossoma percorrerá uma certa distância e bloqueará a formação de hairpins no ARN. Se não houver triptofano suficiente, o ribossoma abranda nesse ponto e a RNA polimerase vai mais longe, levando à formação de outro hairpin, o terminator hairpin. Ou seja, a terminação ocorrerá imediatamente após a iniciação. Como resultado, a síntese cessará (Fig. 9.8).

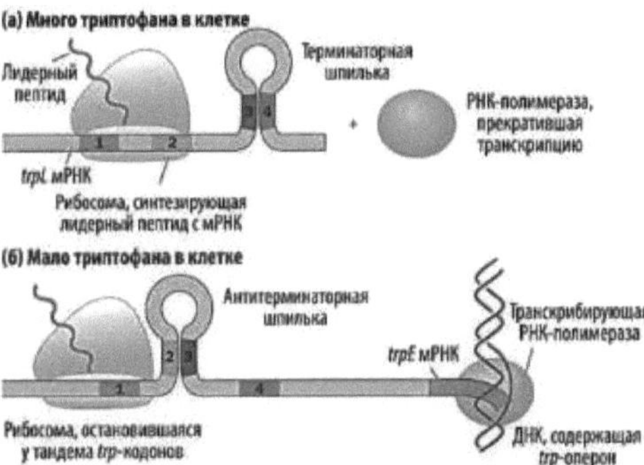

Figura 9.8. Atenuação da transcrição

Transcrição em bactérias

Síntese de RNAs ribossómicos em bactérias. Os RNAs ribossómicos, assim como os RNAs matriciais, são cistrónicos, ou seja, um RNA longo é lido a partir de um único promotor, que é posteriormente transformado em vários RNAs diferentes: três RNAs diferentes que fazem parte do ribossoma e um RNA que é um RNA de transporte (Fig. 9.9).

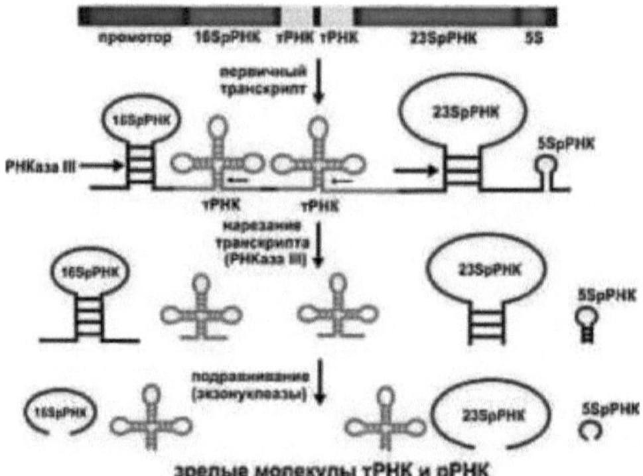

Figura 9.9. Síntese do ARN ribossómico em bactérias

O ARN da posição dos genes individuais é mostrado acima. Certas regiões do ARN são metiladas (transcrição primária), depois as endonucleases actuam para fazer uma quebra interna, seguida de 3'- e 5'-exonucleases, que destacam nucleótidos das extremidades até estas serem complementares. No ARNt, a extremidade 3'é mais longa e contém 3 nucleótidos adicionais (extremidade CCA universal).

10. Transcrição e maturação do ARN em eucariotas

Para aprofundar o tema da maturação de algumas espécies de ARN, é apresentada uma figura (Fig. 10.1) que ilustra o exemplo dos ARN ribossómicos bacterianos, que formam um único operão que dá origem a um ARN inicial (no topo da figura), que contém três precursores de ARN ribossómicos e um precursor de ARN de transporte. A primeira etapa envolve a metilação utilizando enzimas especiais para deixar sinais no ARN que indicam a sua natureza e os seus limites. De seguida, ocorre o corte por nucleases específicas para formar precursores mais longos. Na figura, as sequências redundantes são mostradas a amarelo. Além disso, todos estes ARN têm uma estrutura tal que as suas extremidades 5' e 3' são complementares, formando-se uma região helicoidal e as regiões redundantes ficam fora dela.

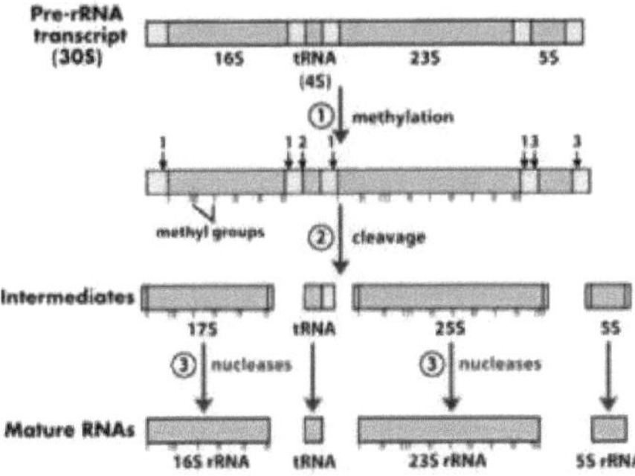

Puc.10.1 Biossíntese de rRNAs e tRNAs

Existem duas nucleases especiais que removem esses sítios, um nucleótido de cada vez. Uma delas actua da extremidade 5' para a extremidade 3' e remove os fragmentos em excesso (Figura 10.1 "RNAs MaShge"). Estes fragmentos são terminados pelas nucleases até ao ponto em que se forma a estrutura secundária helicoidal. As moléculas restantes (RNAs não-matriz) continuam a funcionar.

Devido à multiplicidade de DNA polimerases nos eucariotas, a situação é mais complicada. No núcleo das células eucariotas existem três RNA polimerases completamente diferentes. Estas são rotuladas pela ordem em que saem da coluna cromatográfica: primeira polimerase, segunda e terceira.

Princípio da polimerase I

A primeira polimerase (Polimerase I) acabou por ser uma enzima que sintetiza apenas os grandes ARN ribossómicos. Nos eucariotas, estes são normalmente designados (com base no tamanho nos animais) RNAs 18S e

28S, que constituem a base da subunidade grande e pequena. A maioria dos eucariotas tem apenas estes dois genes neste operão, mas há excepções. Por exemplo, na levedura, o operão inclui também o gene para o pequeno ARN ribossómico (ARN 5S). Este é o único caso estudado em eucariotas, em que o gene 5S está localizado no mesmo operão, mas orientado na direção oposta. Dois genes estão orientados na mesma direção e são lidos por uma enzima, e um terceiro gene está na mesma localização mas é lido na direção oposta e por uma enzima diferente. A primeira polimerase reconhece um tipo de promotor.

Princípio da polimerase II

A segunda RNA polimerase (Polimerase II) dos eucariotas sintetiza principalmente RNAs de matriz, que transportam informação sobre a sequência de aminoácidos nas proteínas. Esta polimerase deve reconhecer um número muito grande de promotores diferentes e trabalhar sobre eles com diferentes intensidades para isolar os genes certos para serem activos.

Princípio da polimerase III

A terceira RNA polimerase (Polimerase III) difere pelo facto de trabalhar em genes curtos cujos produtos formam muitas hélices internas. Do ponto de vista do próprio gene, isso significa que eles contêm muitas repetições invertidas. Também reconhece o seu gene principalmente com a ajuda das suas proteínas auxiliares, e estas proteínas ligam-se, em regra, a repetições invertidas, ou seja, não existe um promotor externo propriamente dito, mas o promotor é a parte interna do gene, que codifica determinadas secções dos ARNs correspondentes. Em primeiro lugar, a polimerase III sintetiza RNAs de transporte e RNAs 5S (pequenos RNAs que fazem parte da subunidade grande dos ribossomas).

Grupos de genes

Assim, a variante mais complexa é observada na segunda polimerase. Verificou-se que existe uma outra caraterística que complica tudo: a própria região promotora está organizada de forma fundamentalmente diferente em alguns grupos de genes. Falando de genes que codificam proteínas e de alguns outros genes que codificam ARN em eucariotas, no caso de organismos multicelulares complexos, é necessário prestar atenção a mais um aspeto: neste caso, não há dois estados de um gene (ligado e desligado, como nos procariotas), mas pelo menos quatro.

O primeiro grupo de genes foi designado por genes de manutenção (housekeeping genes)

(Housekeeping genes), e estão constantemente activos em todas as células, ou seja, os seus promotores estão sempre em condições de funcionamento, e são responsáveis pelo metabolismo básico. Caracterizam-se pelo facto de a sua região promotora (muitas vezes todo o gene) não se encaixar em estruturas densas de cromatina.

O segundo grupo é exatamente o oposto. Num determinado tipo de célula específica, as proteínas são sintetizadas em alguns grupos e não são incluídas noutros. Existem também variantes intermédias, que consistem no facto de um determinado gene ter de produzir um produto num determinado tipo de célula em quantidades específicas reguladas por um ou outro fator. Regra geral, estes genes apresentam sempre uma pequena atividade e em pequena quantidade, são lidos, a sua informação é utilizada para a síntese proteica, uma vez que estas proteínas são necessárias a todo o momento, apenas a sua quantidade está sempre a mudar.

O quarto grupo de genes é o mais interessante, porque são genes que na maioria dos casos neste tipo de células não funcionam, os seus produtos não são necessários, mas pode haver situações especiais em que este produto é necessário, e então este gene pode potencialmente ser ligado através de algumas fases intermédias de ativação. Passa deste quarto estado para o terceiro estado através de proteínas específicas ligadas a ele.

Todos estes tipos são determinados pela estrutura da cromatina na região promotora, ou seja, nos casos em que estes genes não devem funcionar. Neste local, a cromatina está densamente empacotada, pelo que a região promotora está fechada, o fator proteico ARN polimerase não consegue juntar-se e o gene não é ativado. A replicação dos cromossomas está organizada de tal forma que, ao empacotar as cadeias filhas, esta estrutura é reproduzida, ou seja, essas proteínas ficam lá, o que leva ao facto de a cromatina densamente compactada aparecer nesse local. Quando esses genes formam áreas suficientemente grandes, forma-se o que é visível através da coloração num microscópio a cores (as chamadas estruturas de heterocromatina). Se falarmos de outros grupos de genes, então a cromatina não é tão densa e a região promotora não está ocupada por cromatina, mas existem proteínas específicas que estão prontas para que a RNA polimerase se instale nelas e inicie a síntese. Neste caso, o processo será limitado pela taxa de ligação da RNA polimerase. No caso de um gene estar a trabalhar com uma determinada gama de atividade, então as proteínas que lá estão não estarão presentes na totalidade, o resto do formam uma região de polimerase ligada, mas menos eficiente. Para que o gene se torne mais eficiente, é necessário adicionar uma proteína reguladora, caso em que a polimerase irá interagir melhor e a atividade será maior. Nos casos em que um gene pode funcionar, mas está em estado dormente, a região promotora contém certos factores de transcrição que impedem a formação de estruturas densas de cromatina nesse local, mas que são muito insuficientes para a ligação da polimerase. Os restantes factores que aí se podem juntar são normalmente uma resposta a alguns sinais exógenos e, neste caso, os genes que não estavam a funcionar são activados precisamente em resposta a determinados sinais.

O estado dos promotores em diferentes tipos de células pode variar. A tentativa inicial de identificar promotores em eucariotas foi feita da mesma forma que em procariotas, no trabalho de Shain-Dalgarno, onde pegaram na sequência de um pequeno número de genes conhecidos e verificaram o que tinham a montante do ARN.

Foi encontrada apenas uma sequência canónica, semelhante à sequência -10 nas bactérias, mas localizada a uma distância de -30 nucleótidos. Ou seja, se a sequência -10 é uma sequência que está a uma volta do início da síntese, esta está a três voltas do início da síntese (Figura 10.2). Os dois últimos "A's" são opcionais, pelo que esta sequência é normalmente designada por TATA box (ou pribnow box, caixa de pribnow), que é uma sequência que tem algo ligado a ela que desencadeia a transcrição.

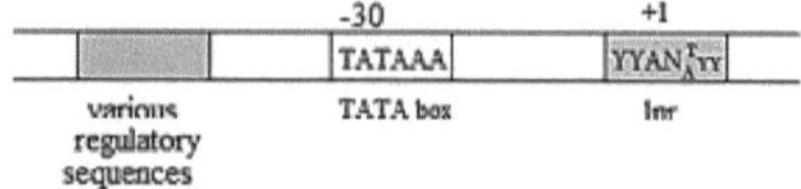

Figura 10.2 -Sequência 30 - caixa TATA

Existe uma sequência de consenso no local onde se inicia a síntese (à direita, +1 é o ponto onde se inicia a síntese). Como pode ver, há muitas pirimidinas, que estão marcadas com um "Y", e para além disso não há nada de caraterístico. A alguma distância depois da caixa -30, a maioria dos genes tem sequências diferentes onde as proteínas reguladoras se ligam. Conhecem-se bastantes das suas espécies e podem existir várias sequências deste tipo à frente de um gene 112 dezenas que podem estar envolvidas na regulação dos genes.

Para além disso, foi encontrado outro elemento estrutural interessante nos genes eucarióticos, que foi designado por potenciador. Trata-se de uma sequência que está localizada em qualquer lugar (a uma distância de 1000 nucleótidos antes ou depois do gene, ou algures no meio), orientada em qualquer direção, mas que potencia o trabalho de um determinado gene. Ao contrário das sequências mostradas na Fig. 10.2, esta não está ligada por contacto físico com o gene, pelo que começámos a distinguir dois grupos de factores reguladores: o primeiro é o dos factores cis-acting, que têm sítios de ligação perto do promotor, e o segundo é o dos factores trans-acting, que estão localizados longe e não estão orientados de uma determinada forma. Verificou-se que certas proteínas se ligam aos potenciadores. Estudos de maior envergadura revelaram que existe uma região específica onde se situa um determinado gene, na qual um potenciador pode atuar. Nos mesmos locais onde a sua ação pára, foram identificadas sequências específicas. Ou seja, existem sequências específicas que restringem os potenciadores, que foram designadas por isoladores. Estas sequências isoladoras ligam-se ao núcleo proteico do cromossoma, formando um laço em que um determinado gene, ou grupo de genes, fica dentro do limite de ação do potenciador.

Para além dos potenciadores, existem sequências com o efeito oposto, mas com aproximadamente as mesmas propriedades. Ou seja, as sequências que estão localizadas dentro do mesmo loop, independentemente da orientação e posição, irão interferir com o trabalho do gene. São os chamados silenciadores (zyepseg). Nalgumas células funcionam e o gene correspondente será empacotado firmemente e não conterá factores de transcrição no promotor, enquanto noutras células será desligado, porque ou entrará numa ansa vizinha durante a reformatação da cromatina em células especializadas, ou a proteína necessária para o seu trabalho não será formada. Mais tarde, verificou-se que há casos que não se enquadram de todo neste esquema. Descobriu-se que há genes que não têm TATA boh e que a sequência nesta região não é de todo semelhante à de todos os outros. Para além disso, estes revelaram-se ser, na sua maioria, genes de manutenção que funcionam a toda a hora. Apesar da sua especificidade, ainda contém sítios para a ligação de certos factores reguladores. Em primeiro lugar, existem sempre ilhas GC.

Estes locais revelaram-se frequentemente metilados no ADN nestas regiões. Esta metilação teve um certo efeito no trabalho dos genes e verificou-se que está apenas relacionada com o facto de as sequências metiladas ligarem o fator necessário, ou vice-versa - apenas as não metiladas, e a metilação efetuar a troca. Todas estas alterações da cromatina interagem com a RNA polimerase II.

Estrutura da polimerase II

A RNA polimerase II é a maior RNA polimerase, tem duas subunidades grandes, uma das quais tem quase sempre um tamanho bastante definido (~140 000 Dalton de massa) e uma estrutura de ligação caraterística que interage irreversivelmente com a toxina do mergulhão-pálido (alfa-manitina). Trata-se de uma sonda para a segunda polimerase, uma vez que todas as moléculas desta enzima possuem esta subunidade e que cada uma destas subunidades se liga à alfa-manitina de tal forma que, quando a proteína é desnaturada por detergentes, este sítio permanece intacto.

Outra subunidade grande é maior do que esta (massa 220.000-240.000 Dalton). Verificou-se que tem caraterísticas: está presente em várias formas de diferentes comprimentos. A variante final desta diferença era uma sequência que tinha uma massa de 180.000 Dalton, na qual a atividade podia ser medida. Após uma análise mais aprofundada, verificou-se que não se tratava de um estado natural, e que esta peça está exposta e é facilmente decomposta, sendo construída a partir de unidades repetitivas. Tem uma sequência de oito aminoácidos que se repete várias dezenas de vezes, e contém muitos desses ácidos hidroxâmicos (como a serina) e forma um sistema de ligação de hidrogénio, enrolando-se numa estrutura que sobressai da proteína global.

Para além destas duas subunidades grandes, a polimerase inclui mais de meia dúzia de subunidades mais pequenas (com uma massa de 60.000 Dalton ou menos). Em geral, o resultado é uma molécula muito grande com uma massa molecular entre 500.000 e 800.000 Dalton. Estas moléculas complexas efectuam a síntese do ARN informativo a partir do momento em que se ligam ao promotor. É de notar que o produto estável da polimerase II apresenta duas outras caraterísticas nas extremidades, quando o ARN matriz é isolado das células. Tem uma estrutura na extremidade 5' que é um nucleótido de guanina invertido, a que se dá o nome de cap (cap - hat). É um guarda na extremidade 5', nucleótido modificado e ligado para trás pela extremidade 5' à extremidade 5'. Na extremidade 3' do ARNm sempre existiu uma longa sequência constituída apenas por nucleótidos de adenina. Esta sequência, assim como o cap, é anexada após a síntese. Ou seja, para além da polimerase, está envolvido na formação do ARNm um sistema que forma a capa e forma a sequência poli(A) - a cauda (poly(A)-tail).

A cauda é geralmente longa (200 - 400 nucleótidos) e ainda não se sabe qual é a sua função. A cauda poli(A) é uma forma de identificar o ARNm. É criada uma matriz insolúvel e uma sequência construída apenas com nucleótidos de timina é cosida à tampa, onde se forma um sítio complementar, com poli(A) numa cadeia e poli(T) ou poli(U) na outra.

Transcrição de eucariotas

A RNA polimerase inicia o seu trabalho procurando um local de ligação. Como mencionado anteriormente, existe uma determinada sequência (TATA box), que está presente na posição -30 na maioria dos genes, e certas proteínas ligam-se a ela. Parece que a proteína se liga especificamente a esta sequência (daí o nome sequência de ligação à caixa TATA) e, ao aterrar nesta posição, cria um local de aterragem para a RNA polimerase. Na Figura 10.3, está identificada na primeira posição como TWP (TATA binding protein) ou TFIID (transcription fator 2 D). Quando se liga, outras proteínas começam também a ligar-se a ela, mostradas como círculos separados na figura. A polimerase de ARN liga-se a um complexo de proteínas que ajuda a polimerase a sentar-se.

O resultado é uma configuração espacial bastante complexa em que os factores proteicos individuais assentam nas suas sequências de ADN e, ao mesmo tempo, outros sítios interagem entre si, dobrando-se de uma determinada forma e tornando-os um local conveniente para a polimerase aterrar.

A seguir, tal como no caso dos procariotas, a polimerase ligada está sobre o ADN de dupla hélice, após o que OCORRE o desenrolar (que na Figura 10.3 é um laço verde) e a polimerase começa a mover-se.

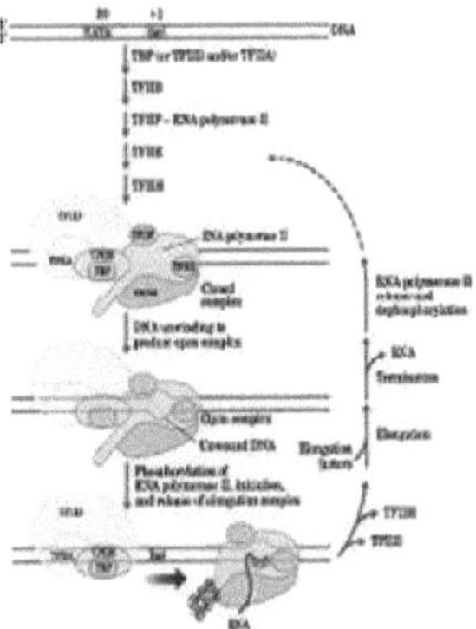

Figura 10.3 Processo de transcrição em eucariotas

A polimerase adicional, que se encontra neste local, bem como a polimerase bacteriana, não conseguem organizar imediatamente o ARN sintetizado da forma correta, pelo que várias sequências curtas são sintetizadas e descartadas. Neste estado, o segmento incluído neste complexo iniciador começa a fosforilar a RNA polimerase. Esta proteína cinase fosforila apenas as serinas nas sequências repetitivas da subunidade grande. Até 30 resíduos de fosfato estão ligados à enzima. Isto é mostrado na figura como uma parte saliente (a letra P no círculo castanho) - um bloco fortemente carregado negativamente. A este bloco estão ligados componentes adicionais, que participarão no processo de maturação. A saída é efectuada de forma a que a extremidade do ARNm não caia algures no meio, mas caia na extremidade fosforilada, à qual se liga uma determinada proteína, que imediatamente pendura uma capa na extremidade 5' (Fig. 10.4).

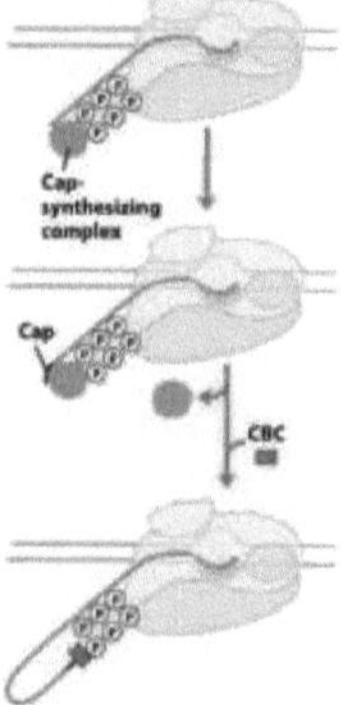

Figura 10.4 Armazenamento em cache da ARN

Em primeiro lugar, quando a síntese começa - a extremidade correspondente é formada, havia um nucleótido com grupos trifosfato. Assim, a extremidade 5' é um nucleótido com grupos trifosfato. Um destes grupos fosfato desprende-se (mantém-se o difosfato), depois entra uma molécula de GTP, que perde um fosfato e, com o seu segundo fosfato, liga-se ao fosfato do ARN, deslocando o grupo fosfato, obtendo-se assim três grupos fosfato aos quais se liga a ribose de ambos os lados - quinta posição. Depois, há uma modificação adicional, em que a guanina é metilada no sétimo átomo, onde aparece uma carga positiva, e a primeira ribose do ARN é metilada na segunda hidroxila, ou seja, a hidroxila é bloqueada. Esta hidroxila é importante para certos grupos de nucleases, ou seja, esta extremidade está completamente protegida da degradação normal das nuclease e tem um arranjo de agrupamento caraterístico, sendo por isso reconhecida por certas proteínas. Esta extremidade é então fixada à polimerase e a síntese prossegue. Verificou-se que, nos eucariotas, o ARN da matriz não contém toda a sequência de nucleótidos presente no gene. Ou seja, o ADN que codifica o sítio em questão é muito mais longo do que o ARN que é lido a partir dele.

Este processo de leitura efectua-se sobre toda a molécula, mas depois são cortados fragmentos internos da mesma. Se existe uma molécula de ADN, no caso das bactérias, o ARN está ligado a ela ao longo de todo o seu comprimento. Se considerarmos o ARN eucariótico, verifica-se que o ADN está ligado a ele com alguns laços, o que significa que esses locais não estão no ARN, o que foi mais tarde confirmado geneticamente e esses locais chamados intrões.

Nalguns casos, são bastantes. Vejamos o exemplo do gene da ovalbumina de galinha (Fig. 10.5). Inicialmente, o gene é apresentado no topo e certas regiões são mostradas a branco e a azul - regiões que têm diferentes resultados. O ARN é sintetizado com o gene, tem um cap na extremidade 5' e, em seguida, certas secções de ARN são cortadas e removidas e as restantes são reticuladas para formar um produto mais curto a partir do qual a proteína é sintetizada. O produto final terá pouco menos de 1900 nucleótidos, o que significa que uma parte significativa dos intrões é removida. Os eucariotas praticamente não têm genes que não contenham intrões. Podem existir até várias dezenas deles e os seus tamanhos são muito diferentes. Não se sabe exatamente porque é que são necessários, mas existe a hipótese de que a remoção dos intrões é uma forma de defesa contra a introdução de ADN estranho.

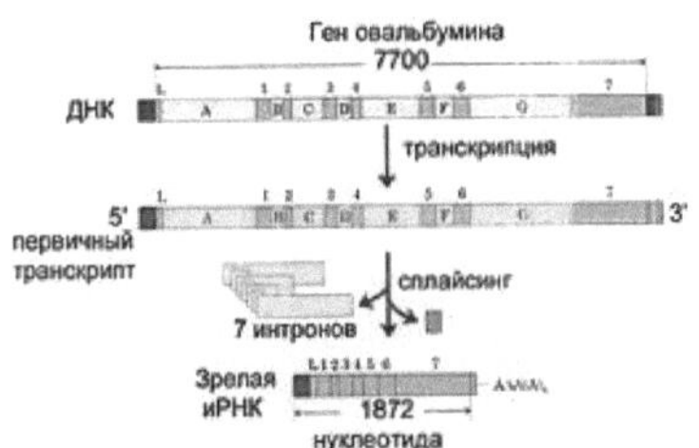

Figura 10.5 O gene da ovalbumina de galinha

O importante é que o ARNm perde as sequências internas. A polimerase percorre a matriz de ADN, sintetiza ARN que tem intrões e exões e há excisão de intrões e ligação cruzada das extremidades dos exões. Assim, um produto mais curto é feito a partir de um produto mais longo. Verificou-se que, de facto, o movimento da polimerase com o subsequente corte dos intrões também está relacionado com certas propriedades da polimerase.

Emenda

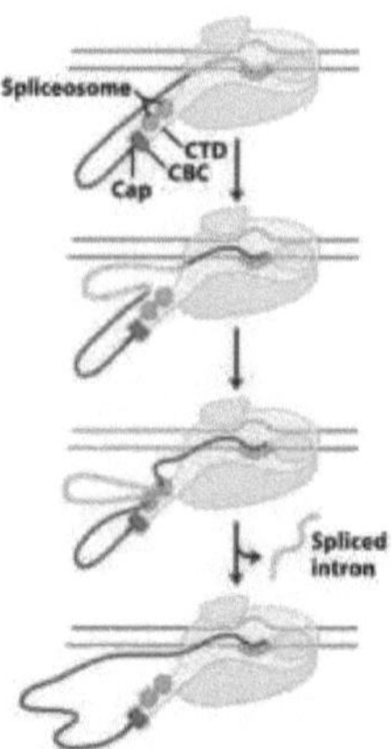

Figura 10.6 Emenda

Neste caso, uma capa é fixada na saliência, o resto do ARN forma um laço e passa por outra parte desta saliência, à qual estão associados complexos adicionais que efectuam a excisão do intrão (Fig. 10.6). A excisão de intrões é designada por splicing. Um sistema complexo de estruturas está envolvido neste processo: estão envolvidos pequenos RNAs nucleares (meRNAs, porque são ricos em uracilo) que reconhecem regiões ao nível dos limites dos intrões.

No intrão há sempre um dinucleótido GU no limite de um lado e um AG do outro, o importante é que não há sequências universais à volta deles. Depois entram em jogo os meRNAs, onde inicialmente há um complexo de proteínas com eles, que se liga ao ATP, de uma certa forma devido à sua energia é organizado, e outras proteínas que fazem parte do complexo seguram dinucleótidos, e o complexo de dois meRNAs, devido ao facto de terem muito uracil forma inespecificamente uma estrutura de dupla hélice entre locais adjacentes. Há uma guanina nesta extremidade, que é fixada de modo a atacar uma das adeninas no meio do intrão (mais perto da extremidade oposta) e liga-se a ela sob as actividades catalíticas deste complexo. Isto resulta na formação de um laço. Neste momento há uma mudança nos diferentes passos dos diferentes RNAs, e o laço deixa de estar retido no estado anterior e desaparece, e o dinucleótido AG que termina o intrão interage com o grupo OH, que interage com a ligação da guanina com o nucleótido seguinte e desloca a guanina, formando um RNA contínuo do qual o intrão é excisado, e o laço restante com adenina, que tem 3 ligações com o AG no final.

Existe um fenómeno chamado splicing alternativo, em que nem todos os intrões são excisados e nem todos os exões são splicados. Um exemplo disto pode ser visto na Figura 10.7. Existe um gene inicial de hormonas peptídicas humanas, que tem exões específicos (mostrados a verde) e intrões (amarelos) e exões codificados por cores diferentes que denotam as sequências que codificam as hormonas peptídicas correspondentes. São aqui mostradas duas etapas de corte: ocorre um splicing diferente nos dois tipos de células (cérebro e tiroide).

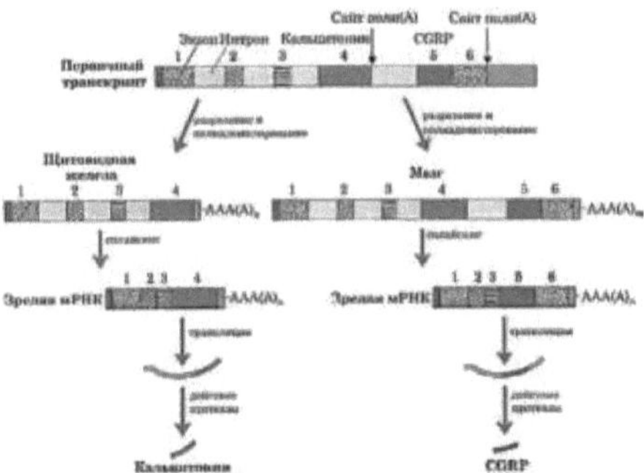

Figura 10.7 Processamento alternativo (splicing) do transcrito do gene da calcitonina

Vale a pena considerar a cauda de poli(A). Ela está associada ao processo de terminação da síntese de RNA. Nos genes da segunda polimerase não existe uma terminação bem definida. Quando se lê a partir do ADN, o ARNm resultante é encapsulado, emendado, e depois há uma determinada sequência, que é a sequência universal de bases AAUAA no ARN. Esta sequência é reconhecida por um complexo proteico especial que se situa na extremidade fosforilada, e este complexo tem duas subunidades funcionais, a primeira delas reconhece esta sequência e liga-se a ela, e num determinado local depois de fazer uma quebra, mais a parte cai, e vemos que a extremidade 3'OH cai noutra parte funcional deste complexo - a cauda poli(A) é construída. Acontece que antes da cauda de poli(A) existe sempre esta sequência universal AAUAA. A formação da cauda poli(A) é um processo estatístico e não tem um limite claro. Passado algum tempo, este complexo desfaz-se, uma vez que não se trata de polimerases matriciais com elevada capacidade de processamento, e a extremidade poli(A) correspondente é libertada, ficando o ARNm pronto a funcionar. Só nesta forma de ARN - com uma capa numa extremidade e poli(A) na outra e intrões cortados - é que pode sair do núcleo. Para este efeito, existe um complexo especial no núcleo - os poros nucleares, através dos quais passam moléculas grandes, e o ARNm é endireitado, passa sob a forma de uma cadeia esticada através do poro e depois é novamente dobrado, embora nalguns casos o ARN passe num complexo com proteínas.

CAPÍTULO 11

11. Código genético

Correspondência

Da última vez, analisámos os processos de formação de ARN nas células eucarióticas. A fase final é o processo de síntese de proteínas (tradução). A diferença entre a síntese de proteínas e a de outros biopolímeros é que as proteínas são moléculas irregulares com uma sequência de monómeros rigorosamente definida. A dificuldade da síntese consiste em estabelecer esta sequência de monómeros. Em quase todos os casos de síntese, o grupo carboxilo é ativado. A ativação pode ser feita por adição de um fosfato. Tal como no caso dos ácidos nucleicos, a síntese requer informações que são retiradas de uma molécula matriz. Esta matriz é o ARNm. Um ARNm tem uma sequência de quatro bases azotadas, enquanto uma proteína tem 20 aminoácidos. O problema era estabelecer a correspondência.

Coloca-se a questão de saber quantos elementos de ácido nucleico devem codificar um aminoácido. Se um nucleótido corresponde a um aminoácido, então, tal como no caso do ADN e do ARN, existem apenas 4 variantes. Se considerarmos uma combinação de dois nucleótidos, obtemos 16 - ainda não é suficiente. De 3, obtém-se 64 - muito mais do que o necessário. Por falar em codificação, vem-me à ideia o código Morse. Cada sinal extra, se for repetido muitas vezes na mensagem, requer um certo tempo e custo, respetivamente, é rentável compactá-lo. No código Morse, 3 sinais codificam um determinado conjunto de letras, que só podem ser 8 - as letras mais frequentes do alfabeto. Se tomarmos 4 de cada, obtemos 16 caracteres, pelo que 16+8=24 caracteres - suficiente para alguns alfabetos. Mas normalmente não, pelo que também existem caracteres de 5 dígitos. A diferença do código Morse é que existem limites (longas pausas) entre as palavras, percebidos pelo ouvido. Neste caso, no entanto, o número de caracteres que codificam um aminoácido é o mesmo para todos os aminoácidos, de modo que os mesmos blocos podem ser lidos. Só pode ser um sistema tripleto (aminoácidos 20, combinação de dois nucleótidos = 16, de três =64).

A questão seguinte é saber se todas as combinações de nucleótidos codificam aminoácidos. Aqui existem variantes: apenas 20 tripletos codificam 20 aminoácidos, e os restantes não têm significado, a segunda - todos os aminoácidos são codificados por todos os tripletos, então haverá mais do que um tripleto para um aminoácido. Do ponto de vista da genética, a primeira opção não era adequada. A utilização de todos os tripletos levou à síntese de

de uma proteína encurtada que era rapidamente degradada. Estas mutações deram origem a certas doenças precisamente porque resultaram na formação de tripletos que não codificavam aminoácidos. Começaram por ser chamados tripletos sem significado, mas depois descobriu-se que é um tripleto que significa o fim da cadeia polipeptídica. Foram chamados códons de paragem. Existem apenas três de um total de 64, e 61 codificam aminoácidos.

A pergunta seguinte era como é que os aminoácidos se definem no espaço. No caso dos ácidos nucleicos, é a ligação de hidrogénio e a formação de pares do mesmo tamanho. Se compararmos os aminoácidos com os nucleótidos, não há nada disso. Há uma contradição dimensional. Se olharmos para o tamanho de um nucleótido ao longo da cadeia do ácido nucleico, ele é quase três vezes maior do que o fragmento de aminoácido que faz parte da cadeia polipeptídica, ou seja, os agrupamentos de nucleótidos são maiores do que os três átomos de alfa-carbono, azoto e carbonilo que constituem a cadeia peptídica. Existem três nucleótidos. Isto significa que alguns aminoácidos não se sobrepõem a eles porque são mais pequenos em tamanho. Partiu-se então do princípio de que os tripletos que codificam os aminoácidos se sobrepõem (Fig. 11.1).

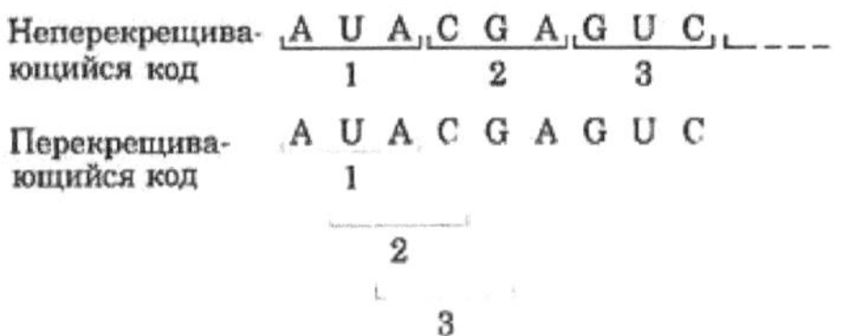

Código não-cruzado
Código cruzado

Fig. 11.1 Variantes de tripletos que codificam aminoácidos

A objeção é que, nesta forma de codificação, o primeiro aminoácido restringe fortemente as variantes na segunda posição. Ou seja, neste tipo de codificação, este aminoácido pode ser seguido por cerca de 4 aminoácidos. Fizemos uma experiência. Pegaram em leveduras, deitaram ácido e fizeram uma hidrólise incompleta - as proteínas decompuseram-se em diferentes péptidos com sequências de diferentes comprimentos. Isolámos uma fração constituída por dois aminoácidos, isolámos péptidos individuais e analisámos a sua composição por hidrólise completa e separação por cromatografia. Neste caso, se modificarmos quimicamente o grupo amino e, após hidrólise, obtivermos um aminoácido natural e outro modificado, é possível determinar

123

qual deles está na extremidade N e qual está na extremidade C. Verificou-se que todas as combinações possíveis ocorrem. O código acabou por não se sobrepor.

Como é que os tripletos que codificam aminoácidos diferentes são separados uns dos outros? Existem fronteiras entre eles? Do ponto de vista químico, não existem fronteiras, porque todos os nucleótidos estão organizados de acordo com o mesmo princípio. Podemos assumir que um dos nucleótidos é um limite e os outros três são codificadores. Então, no caso do código tripleto, não há uma redundância tão grande (27 combinações para 20 aminoácidos), mas, por outro lado, isso levou ao facto de que nos sítios que codificam para a proteína (na altura acreditava-se que todo o ADN codificava para a proteína) em cada quarta posição deve estar o mesmo nucleótido. Ou seja, existe uma certa periodicidade de um nucleótido de cada vez. Isto também foi refutado experimentalmente.

Experiências de Crick e Brenner

A prova mais clara destas propriedades do código genético foi obtida nas experiências de Crick e Brenner. Sobre a genética dos bacteriófagos da E. coli. A E. coli tem bacteriófagos que a destroem. A partícula viral liga-se à célula, injecta o seu ADN na célula, o ADN começa a funcionar na célula, são sintetizadas proteínas virais, todo o metabolismo da célula passa para as necessidades virais, é produzido um grande número de cópias do genoma viral, a célula é destruída e as partículas virais saem. Este fago possui uma enzima que, quando o invólucro é quebrado, o dissolve ainda mais, ou seja, não resta nada da parede celular bacteriana, que se decompõe em componentes individuais de baixo peso molecular. Crick e Brenner obtiveram mutações neste gene. O que aconteceu foi o seguinte: o vírus desenvolveu-se normalmente na bactéria, o vírus matou a bactéria, o vírus causou a destruição da sua casca, mas não a dissolução. Portanto, onde o vírus era normal, não restava nada da bactéria - havia um meio transparente, onde o vírus era mutante - havia uma mancha turva. Estas placas virais, em caso de mutação neste gene, tornam-se turvas. Como o processo é bastante rápido, foi possível obter um grande número de cruzamentos diferentes e ver como herdavam estas ou aquelas caraterísticas, mesmo que fossem extremamente raras. As mutações foram produzidas pela ação de uma classe de compostos, os corantes acridina. Trata-se de uma estrutura de três heterociclos conjugados com dois grupos amino nos lados (puc. 11.2). Os grupos amino criam uma carga positiva que interage bem com o fosfato, e estes corantes ligam-se bem ao ADN.

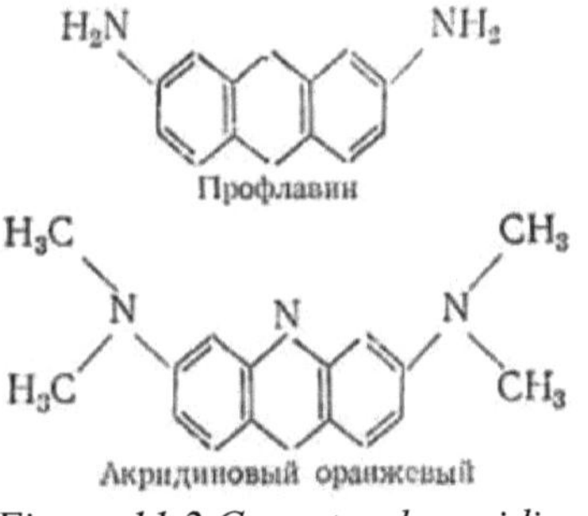

H2N
NH2
Профлавин
H3C
CH3
N
N
N
H3C
CH3
Акридиновый оранжевый

Figura 11.2 Corantes de acridina

Quando as células são tratadas com este corante, desenvolvem mutações que quase sempre resultam no desaparecimento completo da proteína. Crick sugeriu que este corante é provavelmente incorporado na molécula de ADN entre as bases azotadas durante a replicação (Fig. 11.3).

(A) brometo de etídio
NH2
H2N
N+
CH3Br-
(B) the mutagenic effect
ethidium
bromide

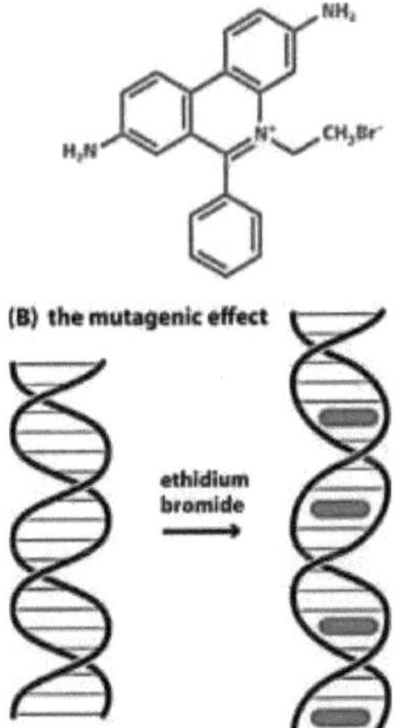

Figura 11.3: Intercalação de corantes no ADN

Quando a replicação começa, a inserção permanece, e a polimerase comete um erro neste ponto durante a síntese. Supôs-se que as mutações provocam a perda ou a adição de uma única base. A partir daqui, iniciou-se uma série de experiências.

Os fagos foram tratados com corante e foram selecionadas as mutações que produziam colónias turvas. Além disso, algumas colónias não possuíam a enzima que lisa as paredes celulares. Em seguida, as células bacterianas foram infectadas com uma mistura de dois desses mutantes. Verificou-se que, em algumas combinações, a infeção com dois vírus restabelecia a capacidade de lisar as células. Partiu-se do princípio de que, uma vez que nalguns casos há um abandono e noutros uma inserção de um nucleótido, ao cruzar dois vírus com duas mutações diferentes, estas compensam-se mutuamente. De facto, verifica-se que todas as mutações podem ser divididas em dois grupos. Dentro de um grupo, o cruzamento não dá origem a um restabelecimento da função, mas quando se combinam mutações de grupos diferentes, há uma probabilidade bastante acentuada de esse restabelecimento ocorrer. Este facto provou que não existem fronteiras entre os codões.

Mais tarde, verificou-se que, se as três mutações não estiverem distantes umas das outras, a recuperação ocorre com bastante frequência.

As experiências provaram que o código era tripleto ("o código é um múltiplo de três"), o código não contém vírgulas e não se sobrepõe. A consequência foi que a maioria dos tripletos codificam aminoácidos (Fig. 11.4).

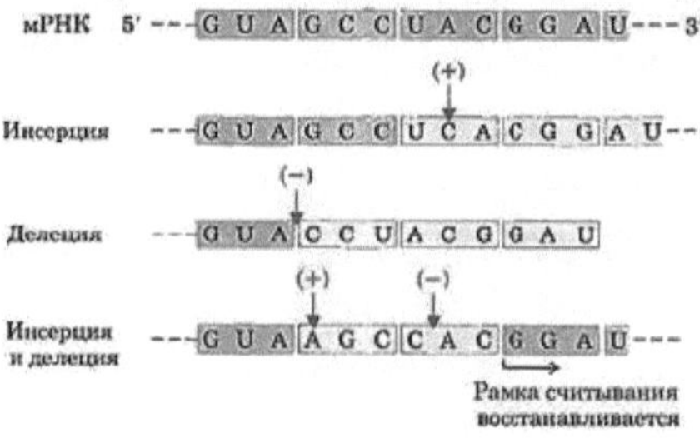

Inssrcia

Inserção e eliminação
Quadro de leitura
recuperar

Figura 11.4: Código de tripletos não sobrepostos. A combinação de inserção e
e deleção altera aminoácidos individuais, mas o resultado pode
mas o resultado pode restaurar a sequência original de aminoácidos. Os códons
Os codões transcritos a partir do gene original estão marcados a cinzento;
A cor azul mostra os novos códons resultantes de uma
inserção ou deleção

A história da decifração do código genético

O interesse prático continuou a ser despertado pela questão: que ácido é codificado por que nucleótido. Se, nessa altura, já era possível decifrar a sequência dos aminoácidos, ainda não era claro como decifrar a sequência dos nucleótidos. No caso do ADN, trata-se de moléculas enormes em que não se sabe bem por onde começar; no caso do ARN, havia o problema da estabilidade e da heterogeneidade.

Uma vez que a estrutura do mRNA já era conhecida nessa altura e que a síntese de proteínas ocorre nos ribossomas, alguns investigadores criaram sistemas de síntese de proteínas de um determinado tipo para investigar o mecanismo em pormenor. A síntese de uma determinada proteína requer um determinado ARNm, mas é quase impossível obter ARNm individual das células. Então, pegaram em vírus, cujas partículas virais são genomas de ARN, ARN de cadeia simples, a partir dos quais as proteínas são diretamente sintetizadas. E como há vírus em que este ARN é bastante pequeno (por exemplo, o vírus do mosaico do tabaco tem apenas três genes). Colocou-se a questão de saber como separar as proteínas recém-sintetizadas das que participam na síntese (factores auxiliares que fazem parte dos ribossomas). Decidiram utilizar átomos marcados (^{14}C ou ^{3}H). Mas os aminoácidos adicionados, para além de serem incorporados em polímeros, podem sorver em proteínas e ácidos nucleicos já existentes. Era necessário controlar o fundo de sorção. Mas nenhum componente pode ser removido. Por isso, é necessário criar condições em que a sorção ocorra, mas a síntese não. Um dos investigadores americanos, Nirenberg, como controlo, criou uma molécula - um polímero constituído por um uracilo (poli-U). Introduziu ADN viral numa amostra, o poli-U como mímico do ARN, adicionou aminoácidos radioactivos, os componentes certos do extrato, incubou e mediu a radioatividade. Verificou-se que o extrato de poli-U incluía aminoácidos radioactivos. Deduziu que o aminoácido incluído era o codificado pelo tripleto contendo três uracilos. Em seguida, procedeu a uma tomada de um ácido radioativo de cada vez, em vez de uma mistura, e verificou que apenas a fenilalanina estava bem incorporada, ou seja, apenas um aminoácido, como esperado. Com o exemplo de uma matriz artificial, o primeiro códão do código genético foi decifrado.

Houve também investigadores que fizeram splicing de nucleótidos. São eles Ochoa e Grunberg-Manago (ela foi aluna de doutoramento dele). Ela fez uma descoberta que foi interpretada como "descoberta de uma forma de sintetizar o ARN". Isso 127

Assim, ela obteve uma enzima que produz RNA a partir de nucleótidos. A partir de nucleótidos que contêm dois grupos fosfato, ou seja, ADP, UDP, CDP e GDF, a partir de uma mistura da qual se produziu um polímero. A enzima foi isolada e caracterizada, mas verificou-se que esta enzima não actuava sobre a matriz. Verificou-se também que o polímero é estatístico, ou seja, junta aleatoriamente nucleótidos numa determinada sequência, e a frequência de inclusão de nucleótidos depende da sua concentração. Trata-se de uma enzima de decomposição do ARN que não tem nada a ver com a síntese, mas que efectua a fosforólise do ARN (quebra a ligação no ARN entre o fosfato e o terceiro hidroxilo da ribose do nucleótido vizinho e liga outro grupo fosfato ao grupo fosfato no local da quebra). A polinucleótido fosforilase revelou-se uma ferramenta útil, mas como Ochoa tinha esta enzima, começou a sintetizar matrizes artificiais com diferentes proporções de nucleótidos. Primeiro, criou os homopolímeros. Enquanto o poli-U dá fenilalanina, o poli-A dá polilisina, o poli-C dá poliprolina e o poli-G não dá nada. Mais tarde, descobriu-se que o poli-G forma uma hélice de várias cadeias que o ribossoma não consegue quebrar. Mas se uma certa quantidade de adenina (80% G/ 20%A) for adicionada à guanina, então não se formam espirais e revelou-se que se trata de glicina. Com estas variações, foi possível determinar a composição (não a sequência) dos tripletos de cada aminoácido. Nirenberg começou então a utilizar um sistema de ligação em vez de síntese, obtendo a ligação de um aminoácido utilizando o ARN no ribossoma com um tripleto.

Koran conseguiu acrescentar resultados sintéticos. Desenvolveu um método de ligação cruzada de sequências curtas em sequências longas, por exemplo, ligou os dinucleótidos AUAUAUAUAUAU e obteve uma alternância de tripletos. Além disso, determinou qual o aminoácido codificado por cada nucleótido, utilizando uma etiqueta radioactiva. Assim, em 1966, o ano genético tinha sido descodificado.

Vocabulário de codificação do grito universal

Crick identificou um padrão: se um aminoácido é codificado por dois tripletos, os dois primeiros nucleótidos desses tripletos são os mesmos e o terceiro nucleótido é uma de duas purinas ou duas pirimidinas. Suponhamos que para a fenilalanina o códão é UUU e UUC, para a lisina: AAA e AAG. Para um ácido codificado pelos três códons das duas primeiras letras são iguais, e 128 a terceira é qualquer uma, exceto guanina. Muitos são codificados por quatro códons, sendo as duas primeiras letras iguais e a quarta letra qualquer. Se forem seis, então dois de acordo com o princípio de quatro e dois de acordo com o princípio de dois (Fig. 11.5).

Первая буква кодона (5'-конец)

Вторая буква кодона

	U	C	A	G
U	UUU Phe UUC Phe UUA Leu UUG Leu	UCU Ser UCC Ser UCA Ser UCG Ser	UAU Tyr UAC Tyr UAA Стоп UAG Стоп	UGU Cys UGC Cys UGA Стоп UGG Trp
C	CUU Leu CUC Leu CUA Leu CUG Leu	CCU Pro CCC Pro CCA Pro CCG Pro	CAU His CAC His CAA Gln CAG Gln	CGU Arg CGC Arg CGA Arg CGG Arg
A	AUU Ile AUC Ile AUA Ile AUG Met	ACU Thr ACC Thr ACA Thr ACG Thr	AAU Asn AAC Asn AAA Lys AAG Lys	AGU Ser AGC Ser AGA Arg AGG Arg
G	GUU Val GUC Val GUA Val GUG Val	GCU Ala GCC Ala GCA Ala GCG Ala	GAU Asp GAC Asp GAA Glu GAG Glu	GGU Gly GGC Gly GGA Gly GGG Gly

Figura 11.5: "Dicionário" do código de aminoácidos nas moléculas de ARNm. Os códons
são escritos na direção 5' -> 3'. A terceira base de cada códon
(em negrito) tem um papel menos importante na especificação
na especificação do aminoácido do que as duas primeiras. Os três códons de paragem
são mostrados num fundo cor-de-rosa, o códon iniciador AUG num fundo verde.

Graças à universalidade do código genético, as proteínas codificadas no genoma de um organismo podem ser sintetizadas no genoma de outro organismo. É assim que, por exemplo, são produzidas cerca de 80% de todas as vacinas do mundo.

12. RNAs de transporte

Hoje vamos analisar os processos que levam à formação da ligação peptídica nas proteínas. Existe uma matriz de ARN que contém informação sobre a sequência, um código genético, que pode ser utilizado para traduzir esta sequência de nucleótidos numa sequência de aminoácidos. Para que este processo prossiga, cada aminoácido tem de estar correlacionado com o seu codão. Aqui, surgem problemas espaciais: o aminoácido é grande, mas os nucleótidos são três, e são grandes. Watson e Crick propuseram uma solução para este problema. Sugeriram que existem moléculas de ARN adaptador que são complementares ao códão de um determinado aminoácido (têm um sítio que pode formar uma estrutura de dupla hélice com o códão). Por outro lado, têm uma sequência à qual um determinado aminoácido está especificamente ligado. Assim, o aminoácido está ligado a uma sequência que pode reconhecer o códão e ligar-se a ele.

Descobriu-se que um aminoácido, antes de ser incorporado numa proteína, é incorporado no ARN, com a incorporação de um aminoácido individual que não está ligado por ligações peptídicas a outros aminoácidos. Estes ARNs foram designados ARNs de transporte ou ARNt.

Estrutura do ARNt

O ARNt, embora com sequências nucleotídicas diferentes, tem um plano de estrutura comum: as extremidades 5' e 3' são mutuamente complementares O ARNt tem a forma de uma folha de trevo e é constituído por 4 secções curtas de dupla hélice. Estes sítios helicoidais estão ligados por anéis, que contêm muitas bases modificadas: di-hidrouridina, timina e pseudo-uridina, metilcitosina, dimetilguanina. Daí o nome dos laços: dihidrouridil (laço D), timidina-pseudouridil (laço T- ou Tψ- ("T-psi")). A alça do meio tem três nucleótidos complementares ao códão de um determinado aminoácido (alça anticódão). Na extremidade 3'da alça há um universal para todos os tRNAs

- Sequências CCA. Estas são ligadas ao ARNt preparado por uma enzima, não codificada (Fig. 12.1).

A estrutura espacial do ARNt era de interesse. Apesar de ser compacto e estruturado por parâmetros hidrodinâmicos, o ARN não se adapta bem aos cristais. Começaram então a utilizar compostos auxiliares que se ligam a 130 fosfatos e aumentar a afinidade das moléculas entre si (detergentes), mas os cristais não eram adequados para a PCA. As moléculas estavam dispostas regularmente, mas eram móveis. Depois, pegaram num reagente e modificaram os nucleótidos que não estavam envolvidos na formação de duplas hélices. Verificou-se que os loops nem sempre estão abertos à interação, sendo pouco passíveis de modificação. Os reagentes foram reticulados num dímero com um grupo metilo no meio. O reagente em cada extremidade procurava um nucleótido diferente, o que nos permitiu compreender o ambiente dos grupos. Verificou-se que a estrutura estava adicionalmente dobrada (Figura 12.1).

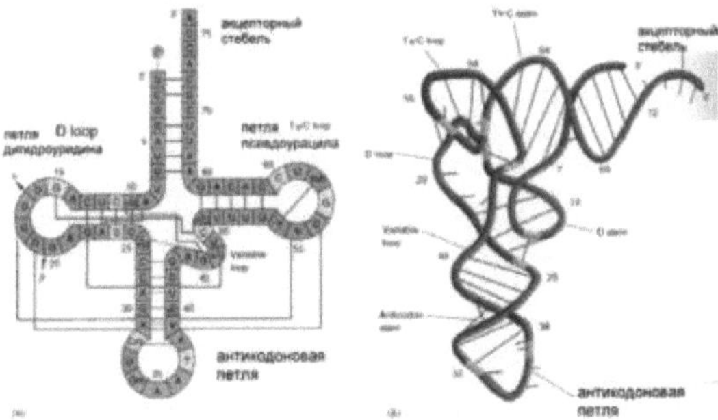

Fig. 12.1. Estrutura do ARNt

Isto produz não 4 sítios helicoidais, mas dois, cada um construído a partir de duas metades perpendiculares entre si, com um aminoácido numa extremidade e um anticódão na outra. Os outros dois laços sobrepõem-se, resultando em interações invulgares (Fig. 12.2).

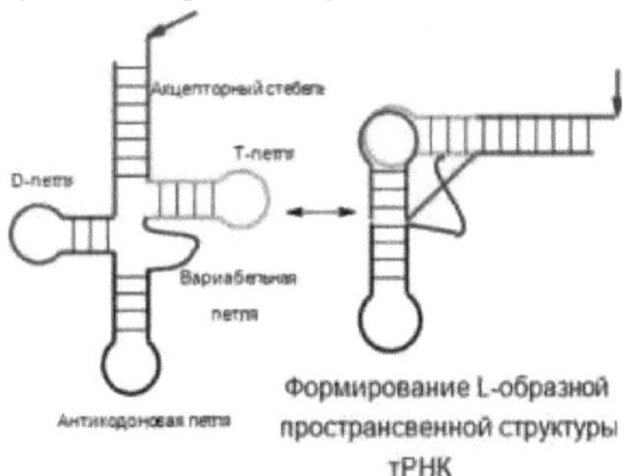

Fig. 12.2: Estrutura espacial do ARNt

Formam-se tripletos de guanina (guanina da cadeia oposta e uma vizinha da mesma cadeia), entre os quais ocorre empilhamento devido a interações hidrofóbicas, pelo que o centro é bem estruturado. Assim, existe um glóbulo de ARN do qual emergem dois filamentos em hélice. O aminoácido de uma das extremidades liga-se à ribose na extremidade 3'e ocorre uma quebra de cadeia no anticódão.

Ligação de aminoácidos ao ARNt

A ligação de um aminoácido ao ARNt requer energia. A fonte de energia é o ATP, e as enzimas que realizam o processo são chamadas aminoacil-RNAt sintetases. O processo tem várias etapas. O primeiro passo é a ativação do aminoácido através da interação do aminoácido com o fosfato, com a separação do pirofosfato. Esta ligação é de natureza semelhante à ligação no ATP, mas não é anidrido fosfórico, mas misturado, é uma fonte de energia maior do que o ATP. A reação é completamente deslocada para o lado do produto devido à hidrólise do pirofosfato pela enzima. Os produtos são aminoaciladenilatos. O ARNt liga-se a esta enzima e o aminoácido é transferido do aminoaciladenilato para o ARNt quando se aproxima da extremidade 3' (Fig. 12.3).

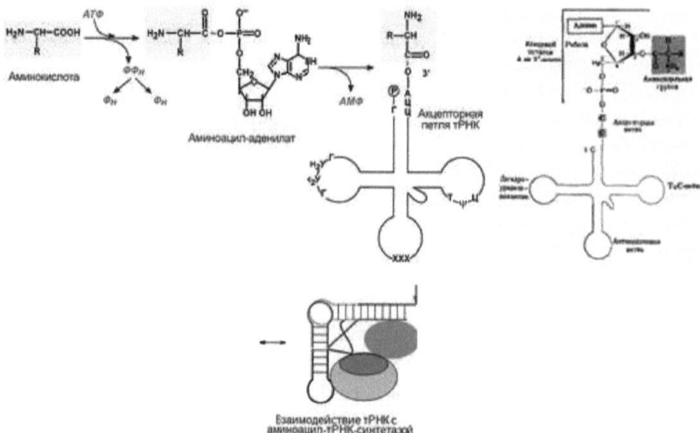

Figura 12.3: Ligação de aminoácidos ao ARNt

A reação prossegue quando existe um desvio negativo da energia livre. Uma vez que a ligação de anidrido é substituída por uma ligação de éster, existe esse desvio. Embora a ligação seja uma ligação éster, existe outro hidroxilo da ribose nas proximidades, pelo que a energia é superior à da ligação fosfodiéster. Eventualmente, a energia do ATP acaba nesta ligação e serve para formar a ligação peptídica. As ligações ocorrem não só por 2- mas também por 3-OH, mas é possível que um aminoácido se desloque de um hidroxilo para outro devido a pequenas distâncias e interações electrostáticas. Ou seja, um equilíbrio constante. O ARNt que transporta o aminoácido na terceira posição entra em síntese posterior. Assim, entra em ação uma

proteína que liga os aminoacil-tRNAs depois de estes se separarem da enzima que liga os aminoácidos. Esta proteína entrega o complexo resultante ao ribossoma e o aminoácido ligado a 3' chega lá. Existem dois tipos de enzimas que ligam os aminoácidos ao ARNt, que diferem numa série de propriedades. A primeira propriedade é o local de ligação: algumas ligam-se à extremidade 3'e outras à extremidade 2'. De um ponto de vista espacial, estas enzimas ligam os aminoácidos a partir de dois lados diferentes.
Em segundo lugar, os dois tipos têm um empilhamento espacial diferente das cadeias polipeptídicas. Num grupo, a ligação do nucleótido adenílico e a ligação do aminoácido ocorrem de acordo com o empilhamento de Rosmann. Depois começa a interação entre os radicais das estruturas. O empilhamento de Rosmann é uma variante padrão do empilhamento de hélices alfa em camadas beta, que leva à ligação na posição 3'-. Outra variante é que a ligação do ATP é formada por uma estrutura beta plana com grupos que interagem com o anel adenílico, o que leva à ligação na posição 2'.
Em terceiro lugar, estas enzimas são diméricas. Além disso, a natureza dimérica é diferente - dímero e tetrâmero. As enzimas têm origens diferentes.

Ligação do ARNt à aminoacil ARNt sintetase

A ligação ocorre em várias posições: interação com a região do anticódão, em regra, com a parte central (onde dois laços se sobrepõem) e com a extremidade 3'- (para participar na reação). No final, obtém-se uma estrutura: uma enzima envolvida por uma capa de ARNt em ambas as extremidades. A remoção do ARNt é fraca e é por isso que as enzimas são dímeros, pois funcionam uma de cada vez. A primeira liga-se ao ATP, liga um aminoácido ao ATP e transfere-o para o ARN, enquanto a segunda, ao mesmo tempo, liga-se ao ATP, liga um aminoácido e liga o ARNt. Uma vez que o ARNt é grande, colide com a primeira subunidade e com o ARNt nela contido, ajudando-o a sair da subunidade (um tipo de pingue-pongue), acelerando a síntese.
Seria de esperar que, se houvesse uma sintetase diferente para cada ARNt, houvesse tantas sintetases quantos os ARNt, mas não foi esse o caso. O fenómeno do menor número de ARNt em relação aos códons era um problema. Para cada aminoácido, foram listados os códons conhecidos para ele. Crick notou que os códons são semelhantes, e se há diferenças entre os códons para um aminoácido, elas estão sempre na terceira posição. Se houver um codão, o último será a guanina. A exceção foi a lisina - tem três codões.

A hipótese da correspondência ambígua

Crick sugeriu que o último nucleótido de um códão e o primeiro nucleótido de um anticódão que interage com ele podem de uma forma não normalizada

(Hipótese da Correspondência Ambígua). Sugeriu que é possível a interação com a formação de pares não estritamente canónicos, mas também semelhantes (Fig. 12.4-12.5).

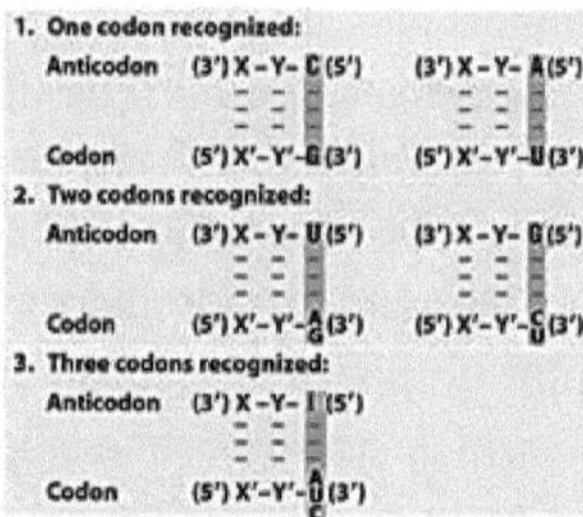

Figura 12.4: Como pares de bases anticódons instáveis determinam o número de códons Trnk reconhecíveis

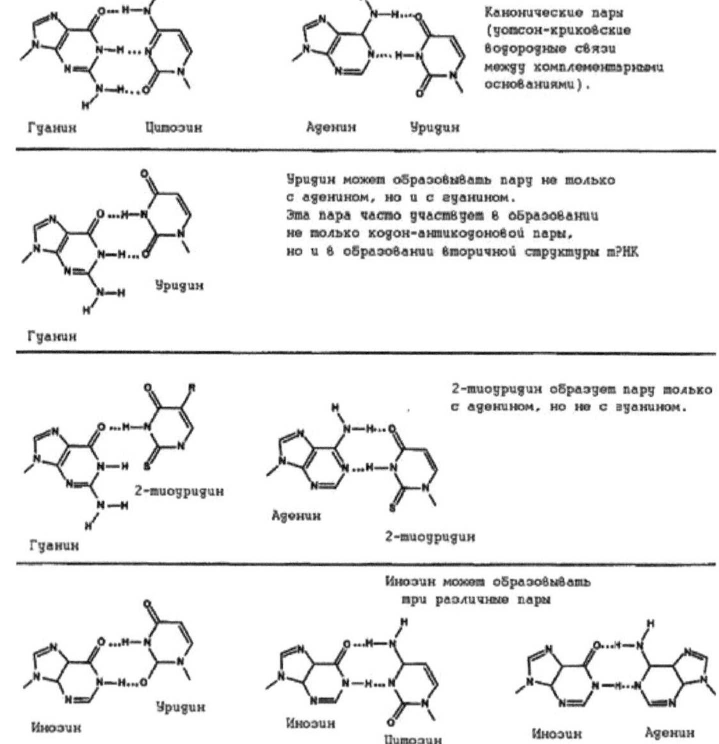

Figura 12.5: A correspondência ambígua na formação do par códon-anticódon permite que algumas bases na primeira posição do anticódon reconheçam mais de uma base na terceira posição do códon

ALGUNS ÁCIDOS têm 4 códons. Como é que isto é conseguido? Enquanto um único ARNt pode reconhecer 1, 2 ou 3, 4 podem ser montados combinando dois duplos, ou um triplo e uma unidade. Na maioria dos casos, são dois duplos. Na primeira posição do anticódon U, que reconhece tanto A como G; ou na primeira posição de G, que reconhece tanto U como CD. Ou seja, no caso da prolina, pode haver uma variante em que existe um ARNt com o anticódão GGG, ou c UGG

(o codão e o anticódão são antiparalelos, ou seja, lidos em direcções diferentes).

Há alguns aminoácidos que têm 6 códons, como a arginina. Neste caso, haverá 3 ARNt: um reconhecerá os dois e os outros dois reconhecerão os quatro. Os diferentes codões reconhecidos por diferentes ARNt são geralmente encontrados com frequências diferentes. Assim, para os códons que ocorrem frequentemente, os tRNAs que os reconhecem também estão representados em grande número. Para aqueles que são raramente representados, os tRNAs correspondentes são encontrados em pequenas quantidades. No processo de síntese proteica, se aparecer um códon tão raro, não há tRNA suficiente para ele, e leva muito tempo para encontrá-lo; se houver vários deles seguidos, há uma pausa notável na síntese proteica. É possível que, por causa disso, a proteína comece a dobrar-se de forma não muito correta.

Assim, o ARNt está pronto para trabalhar: um aminoácido está ligado a ele, a energia está armazenada nesta ligação, tem o seu próprio anticódão, que pode reconhecer o códão, resta ligá-lo ao ARNm para que os aminoácidos destes ARNs se aproximem e se juntem. O ribossoma existe para esse efeito. São partículas universais. De acordo com os seus parâmetros externos, dividem-se em dois grupos: bacterianos e eucarióticos. O tamanho dos ribossomas e dos seus complexos é medido em unidades Svedberg (coeficiente que descreve a velocidade de deposição de uma partícula num campo de forças: gravitacional ou centrífugo), porque os ribossomas são facilmente separados por sedimentação.

13. Ribossomas e sistemática. Início da tradução História da descoberta dos ribossomas. Ultracentrifugação

No processo de iniciação, é necessário prestar atenção às moléculas de ARNt que transportam os aminoácidos e aos ARNs matriciais com os quais devem interagir. O nome "ribossomas" é dado a estas partículas porque são compostas principalmente por ARN. Os ribossomas existem para organizar um processo no espaço, de modo a que todos os componentes estejam no seu devido lugar. Os ribossomas foram descobertos muito antes de os cientistas perceberem a sua finalidade. Esta descoberta deve-se ao facto de os ribossomas serem claramente visíveis ao microscópio eletrónico. Os ribossomas são normalmente identificados através da "coloração" de um corte de célula com catiões de metais pesados e da sua observação num instrumento ótico.

Verificou-se que estas partículas tinham aproximadamente do mesmo tamanho

dentro da resolução do microscópio em todos os eucariotas e todos os procariotas. Em geral, estas partículas têm um tamanho único: são muito mais pequenas do que todas as estruturas celulares, como as mitocôndrias, os lisossomas e a cromatina. Também é possível ver os ribossomas por centrifugação - eles precipitam numa solução clara. Foram mais estudos estudos mais aprofundados foram efectuados por ultracentrifugação, obtendo-se assim determinados valores para a velocidade de sedimentação. Este método não fornece dados exactos, mas ajuda a dar uma caraterística geral do comportamento das partículas em meios viscosos e aquosos. Como unidade convencional para efetuar os cálculos necessários, os cientistas identificaram a chamada "unidade de Svedberg" e é designada pelo símbolo "S". Assim, dependendo da velocidade de sedimentação da partícula em comparação com um determinado padrão, foram deduzidos os valores relativos

valores taxa de sedimentação. Estas são as caraterísticas comportamento da partícula em solução, que não são aditivos.

Verificou-se que a medição das taxas de sedimentação para ribossomas inteiros dá os seguintes valores: 80S em eucariotas e 70S em procariotas.

Efeito do Mg+. +NH+, K e poliaminas na estabilidade dos ribossomas

Verificou-se ainda que, em tampões de fosfato, estas partículas começavam a desintegrar-se. Posteriormente, os tampões foram substituídos por outras soluções que estabilizavam as partículas, mas a estabilidade continuava a ser baixa até à introdução de iões de magnésio no meio. Os iões de magnésio foram introduzidos em grande quantidade - o magnésio representa 1-2% da massa total do ribossoma. Isto significa que quase todas as cargas negativas de fosfato nos ribossomas de ARN são compensadas por cargas positivas de magnésio. O magnésio forma ligações cruzadas entre cadeias porque é divalente e liga-se a dois fosfatos e, se lhe for retirado, os ribossomas dissociam-se. ^ ^ Se reduzirmos a concentração de Mg a 1 mMol para os procariotas e a pouco mais de 0 para os eucariotas, o ribossoma não se dissocia completamente, mas divide-se em duas subunidades: (eucariota 80S 60S+40S; procariota 70S 50S+30S). As subunidades podem ser obtidas em forma pura por centrifugação e, se as subunidades individuais resultantes forem misturadas e se lhes for adicionado Mg, voltam a ser convertidas num ribossoma completo, ou seja, este processo é completamente reversível. Esquematicamente, isto pode ser representado da seguinte forma:

80S ⇆ 60S+40S

Eucariotas Procariotas ***70S ⇆ 50S+30S***

Os ribossomas isolados, após a adição de certos componentes ou de um lisado celular sem ribossomas com o aminoácido ATP, são capazes de sintetizar ligações peptídicas. $^{++}$Os iões de potássio (K) servem de estabilizadores dos ribossomas, ao passo que os iões de sódio (Na) fazem o contrário. Isto explica o facto de os iões de potássio serem abundantes e os iões de sódio serem escassos nas células. $^{+}$A concentração média de K numa célula animal ou bacteriana (por exemplo, E. coli) é de 150-200 mMol e a de Na' é de 10-15 mMol.

Para além do Mg, os ribossomas incluem poliaminas como a espermina e a espermidina - estas são substâncias sintetizadas a partir de aminoácidos através da remoção de grupos carboxilo e da junção de radicais laterais com grupos amino, como a carnitina, com resíduos de outros aminoácidos. Isto produz uma molécula que contém 4 a 10 átomos de carbono (C) aos quais estão ligados 3 ou 4 grupos amino - o resultado é um catião orgânico com carga positiva que é incorporado como contra-iões nos ribossomas.

Análise das sequências de rRNA

Se o ribossoma for tratado com um reagente que remove a proteína, permanece um ARN praticamente puro devido à fragilidade das ligações dos componentes de baixo peso molecular. Estes ARNs demonstraram ser os principais ARNs observados na célula. Os ARN ribossómicos representam cerca de 80% de todo o ARN celular. Após o aparecimento de métodos que permitem a determinação das estruturas primárias do ARN, a seguir aos ARN de transporte, começaram as tentativas de determinação da sequência de nucleótidos nos ARN ribossómicos.

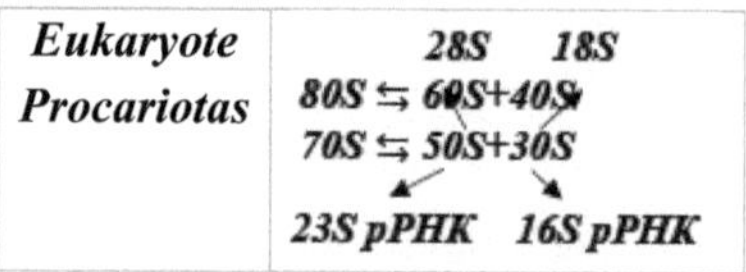

Eukaryote *Procariotas*	***28S 18S*** ***80S ⇆ 60S+40S*** ***70S ⇆ 50S+30S*** ***23S pPHK 16S pPHK***

Nesta altura, os investigadores desenvolveram métodos de sequenciação rápida de ADN. Descobriu-se que era possível não sequenciar o ARN, mas sim isolar os genes de ARNt de um determinado tipo de células de um organismo e efetuar a sua leitura. Como este método se revelou mais económico e rápido, começou a ser utilizado em células não só de Escherichia coli, mas também de outros organismos. Descobriu-se que, apesar da forte divergência dos organismos ao longo de 2,5 mil milhões de anos, os ARN ribossómicos eram bastante conservadores. A comparação dos elementos correspondentes foi efectuada com a ajuda de programas de processamento matemático da análise do genoma.

Sistemática. Phytophthora e o plasmódio da malária

Descobriu-se que, entre as bactérias, dois grupos (árvore de sequências de rRNA) - Eobacteria e Archaebacteria - se distinguiam com base na semelhança do RNA. Verificou-se que o grupo das Archaeobacteria incluía grupos de procariotas com habitats extremos, como os termófilos e os ultratermófilos. Com base nisto, foi dado o primeiro passo revolucionário na sistemática, que foi trazido pelo estudo do ADN - entre o reino dos procariotas foram distinguidos dois sub-reinos: Eobactérias e Archaea. Descobriu-se que o ARN das arqueas tem blocos que não se encontram nos procariotas, mas que se encontram nos eucariotas, ou seja, os seus ribossomas são semelhantes em algum sentido. Também têm intrões. De facto, os eucariotas evoluíram a partir das arqueas.

Os procariotas têm poucas caraterísticas para uma sistemática normal. As bactérias têm 3 (4) formas (vibrios e spirillae - bactérias curvas e retorcidas com flagelos). Além disso, contribuíram para a sistemática dos habitats, mas isso não dá o conceito de um sistema relacionado. As caraterísticas relacionadas com a assimilação de determinadas fontes de alimento (bioquímica nutricional) continuam a ser muito utilizadas. No entanto, estas caraterísticas são alteradas por mutações isoladas. No início dos anos 60, o parâmetro da composição nucleotídica do ADN foi introduzido para a sistemática. O ARNr dos vertebrados contém poucas variações; nos mamíferos, ocorrem substituições únicas pouco significativas. Quando se comparam vertebrados com equinodermes, a diferença pode ser vista: pode-se notar quanto tempo demoraram certas substituições e indicar quando os dois grupos divergiram.

No entanto, verifica-se que este facto é difícil de detetar nos organismos primitivos. Existe um organismo chamado Phytophthora, parasita das plantas solanáceas. Quando ataca um tomate ou uma batata, demora 3 a 5 dias desde o início da infeção até à morte de toda a plantação. Quando se testou o ARN ribossómico da Phytophthora, verificou-se que não era semelhante ao que se pensava ser o ARN relacionado com os fungos. Nos fungos, a parede celular é feita de quitina, enquanto na Phytophthora é feita de celulose, como nas plantas. O resultado foi que se tratava de um parente de uma alga verde que tinha passado para o parasitismo ao perder a clorofila, pelo que começou a parecer-se com um fungo.

O plasmódio da malária pertence aos esporozoitos. O plasmódio da malária é um genósporo - esporozoítos sanguíneos. Neles, uma estrutura na extremidade anterior da célula, a apicomplexa, foi encontrada no EM. Esta estrutura também foi encontrada em vários outros esporozoítos, e logo este grupo foi chamado de apicomplexa. Descobriu-se que o seu gene estava mais próximo das algas vermelhas, e não dos animais, como se supunha (uma alga que passou para o parasitismo). Um cloroplasto transformado em apicomplexa é necessário para o movimento, o metabolismo, etc. Por isso, é importante encontrar uma cura para a malária que iniba o metabolismo das plantas.

Se construirmos árvores para os eucariotas, surgem vários níveis muito mais elevados do que o habitualmente aceite (reino animal, reino vegetal, reino dos fungos). Verifica-se que estes três reinos são o fim da ramificação de um único ramo que se ramificou muitas vezes. Os grupos sistemáticos autónomos e separados acabaram por ser os euglenae. Estão relacionados com os tripanossomas (aparentemente, o primeiro grupo que se afastou da árvore eucariótica comum), os infusórios (não relacionados nem com animais nem com fungos). Esta ramificação é bastante complexa, na qual se distinguem três níveis que precedem a noção de reino (clado). Em alguns casos, a divisão implica diferenças morfológicas. Os infusórios, as algas vermelhas e alguns outros unicelulares partilham uma estrutura comum que subjaz à membrana celular no exterior (por baixo desta existem vesículas membranares que reforçam a superfície celular (alvéolos de indentações membranares) - trata-se do grupo dos alveolados. As lhamas e os camelos, embora sejam ruminantes, não estão relacionados com os parnópodes, são um ramo separado (cerebelares). Os ruminantes e os parnópodes não ruminantes estão menos relacionados. Pinípedes: as focas de orelhas compridas e as focas sem orelhas têm origens diferentes - uma de predadores, a outra de ungulados.

Os cetáceos parecem ter evoluído a partir de um antepassado próximo do hipopótamo, mas este não está relacionado com os ungulados, embora tenha sido sempre classificado como um par de ungulados. A evolução geral dos invertebrados também é diferente. Os artrópodes estão relacionados com os vermes redondos, não com os vermes anelados. Consideremos o grupo dos invertebrados que mudam e dos que não mudam. Os anelídeos artrópodes têm de mudar para poderem crescer. As suas camadas superiores são duras, mas estão fracamente ligadas à epiderme, pelo que podem desprender-se. Isto deve-se ao facto de a superfície das células epiteliais ser lisa. Noutros grupos, a superfície das células epiteliais forma bordos que seguram a cutícula, e não podem alterá-la, porque a muda, neste caso, levaria à rutura das membranas celulares da epiderme. Por isso, como não podem fazer a muda, não fazem uma cutícula tão dura, é elástica e estica-se. Tudo isto foi feito através da análise do ARN ribossómico como as estruturas mais conservadas.

Estrutura dos ribossomas

Cada subunidade do ribossoma contém um ARN de grandes dimensões. Quando são criadas condições iónicas, o ARN dobra-se numa estrutura compacta (Fig. 13.1).

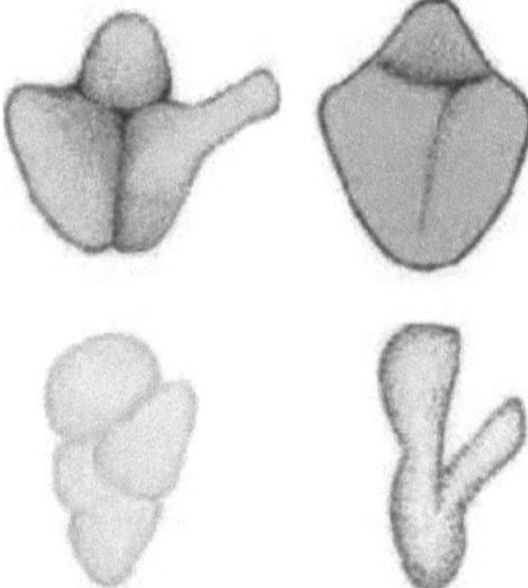

Figura 13.1: Tipos de ARN ribossómico. Em cima: 50S e 23S, em baixo: 30S e 16S

A subunidade pequena tem um corpo, cabeça e lóbulo lateral (canto superior direito na Fig. 13.1). A subunidade grande (em cima à esquerda na Fig. 13.1) também tem uma cabeça, um lobo lateral e um dedo extra bastante comprido. A parte mais escura é a superfície côncava. Estas duas subunidades sobrepõem-se, com as cabeças e o corpo a coincidirem - o processo de associação-dissociação dos ribossomas está relacionado com este facto. Quando o ARN é colocado nas condições adequadas, as subunidades mudam de aspeto (figuras de baixo, respetivamente, na Figura 13.1). Neste caso, o lóbulo lateral da subunidade pequena é desviado - há um espaço que normalmente é preenchido com proteínas. Na subunidade grande, o dedo (uma estrutura puramente proteica) desaparece, a cabeça é reduzida e o RNA 5S (transcrito em procariotas com outros e excisado) aparece na cabeça. Nos eucariotas, aparece um outro ARN 5.8S. Se compararmos a sequência dos grandes RNAs ribossómicos em procariotas e eucariotas, verifica-se que estes não têm RNA 5,8S, mas existe uma sequência correspondente, que está incluída no RNA 23S. Ou seja, o 5,8S é um pedaço cortado do 28S no ponto em que o ARN já se dobrou e o ribossoma já começou a ser montado. Por conseguinte, se o ARN for isolado à temperatura ambiente, sem desnaturação forte, o ARN 5,8S e o ARN 28S parecem estar ligados num único complexo, que só pode ser dissociado através da quebra de ligações de hidrogénio. Ou seja, as formas das subunidades nas figuras superiores diferem das inferiores pela presença de proteínas.

	(5,8S + 5S + 28S) 18S
Эукариот	***80S ⇆ 60S+40S***
Прокариот	***70S ⇆ 50S+30S***
	5S+23S pPHK 16S pPHK

Eukaryote

Procariotas

Nos vírus, o ADN (ou ARN) está no centro e a proteína forma a casca. Ao contrário das proteínas semelhantes dos vírus, o ribossoma tem um grande número de proteínas diferentes. As proteínas tornam o empilhamento do ribossoma mais robusto numa vasta gama de condições. Apenas uma proteína no ribossoma não está presente numa única cópia, mas como quatro subunidades idênticas que formam um complexo (L7L12 - devido à sua existência em duas formas sob diferentes condições: acetilada e não acetilada) formando um dedo, e a quinta subunidade do dedo - a sua base - é outra proteína (L10).

O ribossoma é o local onde são reunidos os componentes para a síntese de proteínas. Em primeiro lugar, o mRNA liga-se à subunidade pequena. e ancora-se a ela. O ribossoma também se liga ao ARNt, que traz os nucleótidos. Existem dois locais para este efeito: na pequena subunidade, na vizinhança imediata da ligação do ARNm, devido a este local, o ARNt fixa-se ao lado do ARNm, devido ao qual ocorre uma maior interação entre o códão e o anticódão. Por sua vez, numa grande parte do ribossoma existe um sítio que é reconhecido pelo ARNt e fixa o aminoácido nele (sítio A). O ARNt também retém o péptido no ribossoma porque o péptido está ligado ao ARNt pela sua extremidade C durante a síntese (este sítio é o sítio P) (Fig. 13.2).

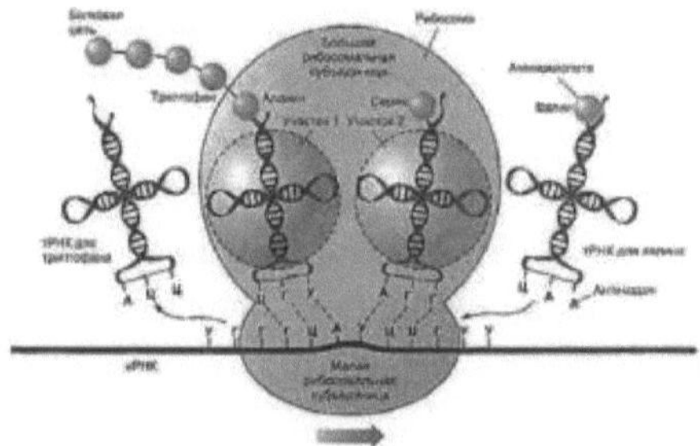

Fig. 13.2 Interação codão-anticódão

Para além do local de ligação no ribossoma, existe um local de mudança - o local da peptidiltransferase (centro) - que catalisa a formação de uma ligação peptídica. O ribossoma possui também um centro de ligação ao fator de tradução - localizado na base do dedo.

Processo de síntese. Início da tradução

O processo de síntese propriamente dito divide-se em três partes. Primeiro, é necessário encontrar o quadro de leitura correto. Esta é a etapa de iniciação. Nesta fase, os ribossomas ligam-se ao ARNm num local estritamente definido para iniciar a síntese. A segunda etapa é o alongamento. É constituída por ARNt que são complementares ao códão no ARNm e transportam os seus próprios aminoácidos, o que ajuda a alongar a cadeia para formar um péptido sob a forma de uma alfa-hélice. Segue-se um processo chamado terminação - iniciado pela entrada de códons de paragem no ribossoma, que completa a síntese (Fig. 13.3).

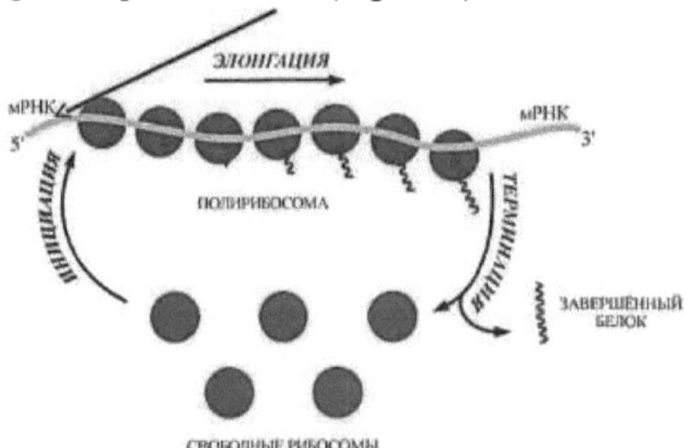

Fig. 13.3 Epiciclo de translação

Quando montado, o ribossoma não pode iniciar a síntese. Portanto, a síntese não começa com ribossomas livres, mas com unidades livres. A síntese começa com o códon AUG que codifica o aminoácido metionina, mas é preciso saber distinguir o códon AUG inicial daquele que está no meio da cadeia, por exemplo. Assim que o ARNm entra no citoplasma, proteínas especiais (fator de iniciação IV, IF4) formam um complexo com este tampão, ao qual a subunidade pequena do ribossoma se liga, reconhecendo não o tampão mas o complexo proteico. Antes de se fixar no ARNm, a subunidade pequena é acompanhada pelo fator de iniciação II (IF2), que transporta um ARNt iniciador que ajuda a subunidade pequena a encontrar o códão AUG mais próximo do tampão, a partir do qual inicia a síntese. A subunidade é assistida no seu movimento pelos factores de iniciação 4a e 4b (RNA helicases). Estes factores em complexo podem ligar ATP, ligar-se ao ARN e tecer uma estrutura helicoidal no mesmo, seguida de hidrólise do ATP, mudança de conformação e descolamento do ARN. Este processo continua até ocorrer a ligação ao códão de arranque. Nesta altura, devido ao acoplamento do ARNt e do ARNm, o ribossoma é inibido e algumas proteínas são também dissociadas para ligar a subunidade pequena do ribossoma à subunidade grande. A seguir, inicia-se o alongamento.

Os procariotas têm uma diferença. Os ARNm são policistrónicos, contendo sequências que codificam várias proteínas. Este facto leva à possibilidade de síntese proteica independente. Nem sempre é esse o caso, uma vez que as proteínas são codificadas por um único mRNA e são necessárias em conjunto e em quantidades iguais. Por vezes, existe uma necessidade adicional de algumas proteínas. Neste caso, não é possível iniciar a síntese a partir da extremidade 5'-.

Antes de cada região de codificação existe um local de ligação do ribossoma para o seu funcionamento independente. Este sítio encontra-se na região anterior ao início da sequência de codificação. São seis bases purinas numa sequência específica: GGAGGA. Acontece que a sequência complementar a esta é a sequência do ARN da subunidade pequena, cuja extremidade 3'é livre. Assim, nos procariotas, a pequena subunidade liga-se primeiro ao ARNm e a segunda subunidade liga-se a ele. O ARNt inicial pode juntar-se à subunidade pequena mais cedo, ou pode juntar-se ao complexo já preparado (Fig. 13.4).

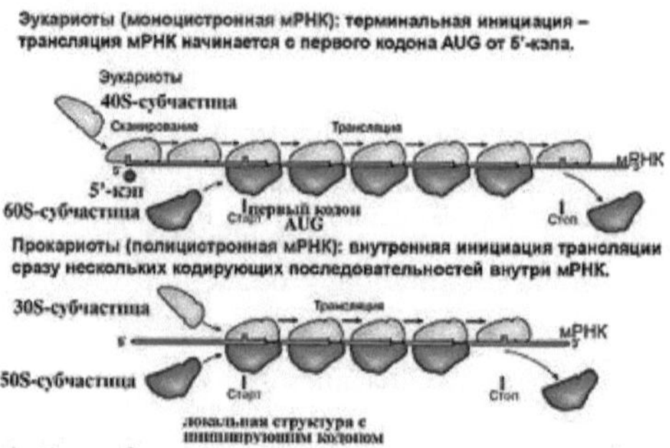

Figura 13. 4. Formas de reconhecimento do códão iniciador do mRNAu eucariotas e procariotas

Outra diferença é que nos procariotas o aminoácido ligado ao ARNt iniciador é modificado quimicamente. Nos eucariotas é a fenilalanina, enquanto nos procariotas um resíduo de ácido fórmico (formilmetionina) é adicionalmente ligado ao grupo amino da fenilalanina para imitar o péptido. É de notar que isto não resulta numa melhor ligação no centro da peptidiltransferase, como se poderia supor. Quando o ribossoma está montado, os factores envolvidos na iniciação começam a separar-se: primeiro o terceiro fator (IF3). O terceiro fator, ao ligar-se à subunidade pequena, provoca a dissociação do ribossoma em subunidades pequenas e grandes. O IF2, devido à hidrólise do GTP, muda de conformação e dissocia-se. Assim, o sítio P permanece ocupado e o sítio A é libertado. Em seguida, inicia-se a etapa de alongamento.

CAPÍTULO 14

14. Tradução: alongamento e terminação

Início da tradução

Vamos terminar a consideração da biossíntese de proteínas. A fase inicial (iniciação), uma das tarefas da qual é a definição correta do quadro de leitura. A leitura começa com o códão AUG. Após a montagem do códon, um complexo constituído por subunidades grandes e pequenas do tRNA iniciador é montado sobre ele (Fig. 14.1).

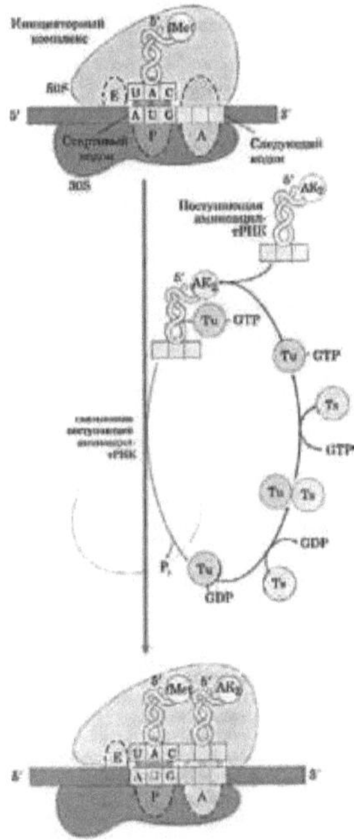

Fig. 14.1 Formação do complexo iniciador em bactérias

Na subunidade pequena existe um ARNm, que tem um códão AUG na partição p e um ARN iniciador está ligado a ele complementarmente ao anticódão, que transporta metionina, e nas bactérias é formado adicionalmente (um resíduo de ácido fórmico está ligado ao grupo KN2).

Elongação, ciclo, factores, transferência de aminoácidos. Translocação

Este complexo prossegue para a etapa seguinte, designada por alongamento (elongação). O alongamento ocorre de acordo com o programa estabelecido pelo ARNm. O local A no ribossoma não é 146
contém RNA, mas contém mRNA, ao contrário da iniciação, qualquer códon pode terminar aqui. Se o próximo códon for UUC, um ARNt complementar ao anticódon ficará no sítio A de e ligar-se-á a ele (ou seja e. GAA).

Esse anticódon será y tRNA, que reconhecido sintetase e na qual se encontra ligado o aminoácido específico fenilalanina. Para acelerar o processo, entra em ação uma proteína auxiliar denominada fator de alongamento. Esta proteína não faz parte do ribossoma e funciona de forma independente, podendo ligar-se ao ribossoma. Tal como o fator de iniciação dois (IF2) que trouxe o ARNt na primeira etapa, este fator trará o ARNt e interagirá com o mesmo local na subunidade ribossómica. Ou seja, existe um fator de ligação localizado na base do polegar da subunidade grande e, nesse local, o fator de alongamento liga-se a partir do exterior, de modo a que o ARNt que se lhe liga fique virado para dentro. Ou seja, a interação é assegurada energeticamente pelo reconhecimento do fator e do ribossoma, e o ARNt é inserido por este fator na parte média. É um fator TU (termo instável), e está presente em dois estados. O primeiro está ligado ao GTP e o segundo está ligado ao GDF, que são duas conformações diferentes. Quando ligado ao GTP, pode ligar-se ao ARNt para formar um glóbulo compacto. Quando ligado ao GDF, tem uma divergência de domínios que o torna mais solto e o centro de ligação ao ribossoma é esticado no espaço. O mesmo acontece com o centro de ligação do ARNt. Ou seja, o fator em complexo com o GTP (TU-GTP) interage com o aminoacil-RNAt, formando um complexo que se situa na parte A do ribossoma. O anticódão situa-se complementarmente, com o aminoácido no interior da subunidade grande (a unidade A capta as duas subunidades e o espaço entre elas). Trata-se de uma catálise, mas não de uma catálise química, e sim de uma catálise de ligação, essencialmente. A extremidade 3'em que se encontra o ARNt parece ligar-se ao fator e, uma vez no ribossoma, o ARNt liga-se firme e corretamente ao anticódão, enquanto a sua extremidade de aminoácidos fica bloqueada. Por conseguinte, é necessário remover o fator para se ligar ao centro da peptidil transferase. A remoção ocorre por hidrólise do GTP, e o próprio fator contém um centro ativo que hidrolisa o GTP. Devido à perda de fosfato, os domínios 1 são estirados de 2 e 3, fazendo com que a afinidade para o ribossoma e o ARNt se perca e o fator saia (Fig. 14.2).

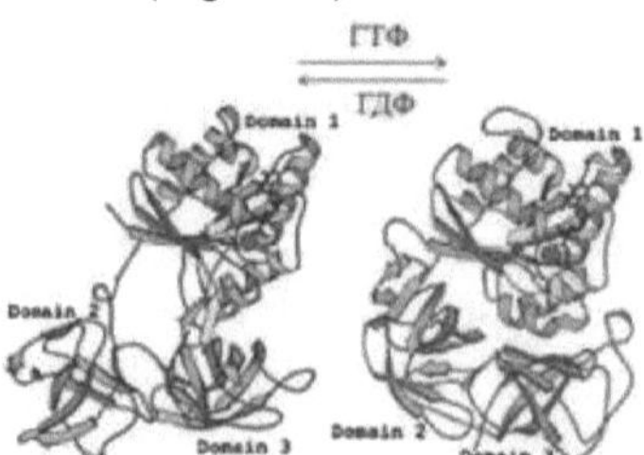

Figura 14.2: Fator de alongamento (à esquerda GDF-form (TU-GDF), à

direita GTP (TU-GTP))

Assim, a extremidade do aminoácido entra no centro da peptidiltransferase. Este processo pode prosseguir sem o fator, o processo segue o mesmo princípio, mas a um ritmo muito mais lento. Assim, o sítio p é ocupado pelo ARNt iniciador e o sítio A é ocupado pelo ARNt seguinte, e os aminoácidos ligados a estes dois ARNt são reunidos no centro da peptidiltransferase. É de notar que o TU-GDF é bastante estável, mas é necessário um funcionamento contínuo do fator. Para remover o GDF, é necessária uma segunda proteína que, ao interagir com o fator, desloca o GDF. Trata-se da TS (termoestável). A TS desloca o GDF ligando-se à TU para formar um complexo. Este, por sua vez, leva à possibilidade de TU se ligar ao GTP, permitindo que o fator cumpra novamente o seu papel.

Quando dois aminoácidos estão ligados a um ARNt, o centro da peptidiltransferase entra em ação (Fig. 14.3).

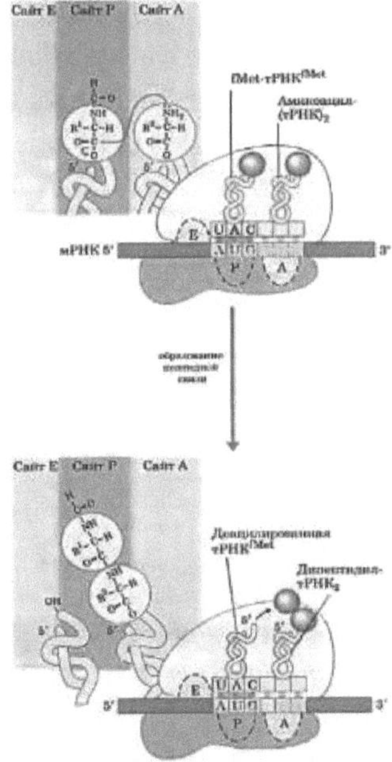

Figura 14.3: A segunda fase do alongamento em bactérias: formação da primeira ligação peptídica

O centro efectua a transferência química do aminoácido do sítio p do ARNt para o grupo amino do aminoácido do sítio A. Assim que o grupo amino do aminoácido A ataca o grupo ceto do aminoácido p para formar uma ligação, é libertada a extremidade do ARNt, que o ribossoma puxa de volta para o sítio E, que liga a extremidade 3'do ARNt. O dipeptidil-RNAt resultante está

localizado entre as partições A e P.
A translocação tem lugar no ARNm para ler o códão seguinte. Também tem lugar com a ajuda de um fator proteico especial (fator G, fator dependente de GTP). Sendo uma proteína, este fator imita parcialmente o ARNt (mimetismo molecular). O fator G liga-se ao GTP ou ao seu análogo. Para além dos domínios 1-3, o fator G tem também os domínios 4 e 5 que imitam o ARNt: a alfa-hélice contém muitos resíduos de aminoácidos com carga negativa. A molécula liga-se como TU ao ribossoma no centro de ligação do fator, com a parte que imita o ARNt a dirigir-se para o sítio A. O ARNt ligado ao dipeptídeo do sítio A é deslocado para o interior do ribossoma - para o sítio p, e o ARNt do sítio p é deslocado para o sítio E, pelo que o ARNm é deslocado em 3 nucleótidos. O primeiro ARNt (iniciador) entra na partição E e passa através dela para o exterior, o segundo ARNt com o dipeptídeo acaba na partição P, a partição A permanece ocupada pelo fator que, tal como a TU, hidrolisa o seu ATP, o que leva ao afrouxamento e decomposição do fator, e a partição A é libertada. Nesta altura, o ciclo de alongamento termina e tudo se repete. Em cada ciclo, o péptido é alongado em um aminoácido, a matriz é deslocada em 3 nucleótidos e o processo prossegue de acordo com o texto genético escrito no ARNm. (Figura 14.4).

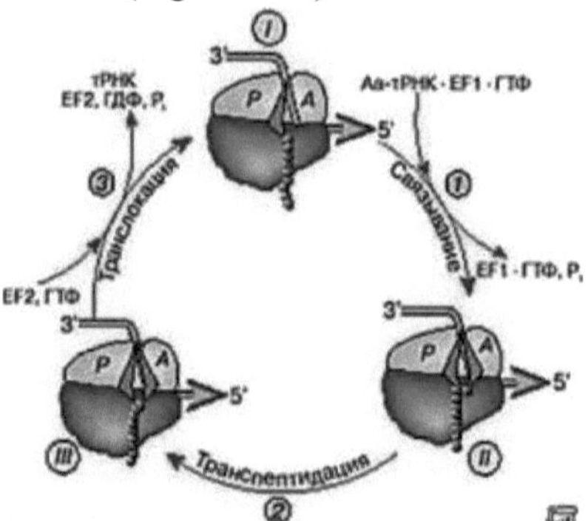

Figura 14.4: O ciclo de alongamento. O ARNt está representado a verde e o péptido acoplado a ele a azul. EF1 e EF2 são factores de alongamento (no caso das bactérias, TU e fator G, respetivamente)

A ligação do fator ao ribossoma não é específica e ocorre em qualquer ARNt, pelo que ocorrem erros: na fase de interação com a TU e na incorporação no ribossoma - 1% cada (1 erro por 10 mil casos).

Antibióticos que afectam os ribossomas

Uma vez que esta seleção é o processo mais complexo, o ponto de estrangulamento, é fácil atacá-la com antibióticos específicos. A classe de

antibióticos aminoglicosídeos é constituída por derivados de hidratos de carbono em que várias hidroxilas são substituídas por grupos amino. Os grupos amino são protonados e carregados positivamente e, uma vez no ribossoma (compostos de baixo peso molecular,
facilmente se difundem no interior), ligam-se ao ARN, formando pontes catiónicas entre o ARNt e o ARNr na partição A. Consequentemente, o ARNt fica preso no ribossoma, e o que deveria ter-se dissociado é o que tem as interações erradas entre o códão e o antidão. Trata-se de antibióticos bactericidas, que causam a morte das bactérias se forem específicos dos ribossomas bacterianos. 50% de todos os antibióticos têm como alvo o ribossoma (estreptomicina, ver aula 2). Outros antibióticos afectam outras etapas deste ciclo (o ácido fusídico actua na translocação, interrompendo o crescimento celular). As tetraciclinas (podem ser extensivamente modificadas quimicamente) actuam na ligação do ARNt, impedindo que a extremidade do ARNt que transporta um aminoácido se ligue corretamente, tomando o lugar dessa extremidade e impedindo que o ARNt permaneça no ribossoma. A levomecitina (cloranfenicol) bloqueia o centro da peptidiltransferase e não bloqueia a reação de trans-peptidação. A eritromicina (antibiótico macrólido macrólidos) liga-se na região do centro da peptidiltransferase, não interfere com a formação da ligação dipeptídica, mas interfere com a saída do péptido resultante do ribossoma, interrompendo assim a síntese.

Rescisão

O ciclo de alongamento repete-se até o ribossoma atingir o códão de terminação. O códon de terminação não possui um RNAt. São necessárias moléculas proteicas adicionais (factores de terminação) para levar a cabo o processo de terminação. A terminação ocorre em resposta a um códon de parada no sítio A. Primeiro, o fator de terminação RF (RF1-1 ou RF-2, dependendo do códon de parada) se liga ao sítio A. Isso leva à hidrólise do RNAt. Isto leva à hidrólise da ligação éster entre o polipeptídeo e o ARNt no local P e à libertação do polipeptídeo terminado. Finalmente, o ARNm, o ARNt desacilado e o fator de terminação deixam o ribossoma, que se dissocia em subunidades 30S e 50S com a participação do fator de reciclagem do ribossoma (FRR), do fator de iniciação IF-3 e da energia libertada pela hidrólise do GTP mediada pelo fator EF-G. O complexo da subunidade 30S com IF-3 está pronto para iniciar o próximo ciclo de tradução (Fig. 14.5).

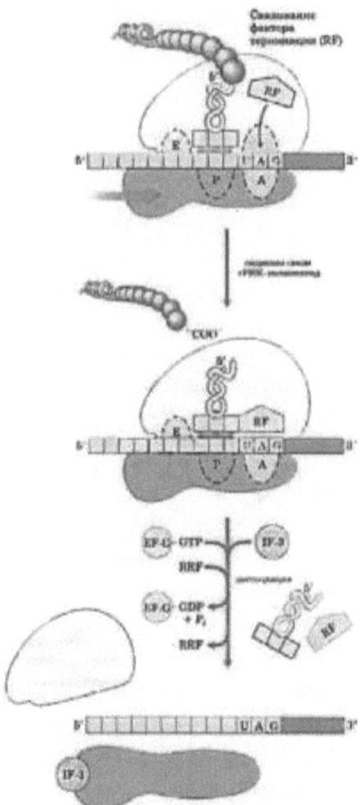

Fig. 14.5 Terminação da tradução

Nos eucariotas, o processo é ligeiramente diferente, mas segue o mesmo esquema, com a única diferença de que o destino posterior do ribossoma não é completamente claro. Mas acontece que, depois de ler o gene, o ribossoma, liberto do ARNt, não se dissocia, mas começa a deslizar ao longo do ARNm, o que leva a uma mudança no local do fim da síntese. Neste caso, pode chocar com a sequência de Shain-Dalgarno (Sh-D) nas bactérias. Isto é especialmente verdadeiro para os procariotas porque têm matrizes policistrónicas, o que significa que há vários genes no ARNm e que têm de trabalhar de forma coordenada porque estão a trabalhar nos mesmos processos. Se houver uma sequência Sh-D, a subunidade pequena agarra-se a ela e depois o ARNt iniciador é ligado.

Os eucariotas também têm um fenómeno chamado diálogo cabeça-cauda.

Existem proteínas específicas que se ligam à cabeça e à cauda. uma proteína específica de ligação ao poli-A. Devido ao facto de a poli-A ser longa, forma uma estrutura semelhante à cromatina: uma área densamente compactada onde esta proteína se liga à sequência adenil. Verificou-se que algumas proteínas de capa interagem fortemente com as proteínas poli-A, o que leva à ciclização do ARN e a uma iniciação acelerada.

Transporte de proteínas sintetizadas

Vale a pena prestar atenção ao transporte das proteínas sintetizadas nos eucariotas. Trata-se do retículo endoplasmático rugoso. A estrutura permeia toda a célula, é rugosa porque está coberta por ribossomas e sintetiza uma proteína que deve ter uma sequência de sinalização (start) no terminal N. A partícula SRP está envolvida neste processo, é um complexo 7S-PHK com proteínas que reconhecem o péptido sinal e se ligam a ele. Quando o ribossoma começa a sintetizar o ARN, aterra no códão inicial, passa por ele e começa a sintetizar a proteína. Quando a sequência de sinal ultrapassa o ribossoma, liga-se à partícula SRP, mas esta liga-se não só a esta extremidade, mas também ao ribossoma, obstruindo-o, formando um complexo que não consegue continuar a sintetizar a proteína. Este complexo acaba na membrana do retículo endoplasmático. Esta membrana possui um recetor especial que reconhece e liga a SRP e interage também com proteínas membranares do mesmo tipo, mas que formam uma espécie de oligómero, formando um canal cujos componentes ligam firmemente o ribossoma e permitem que o péptido sintetizado passe e entre no retículo endoplasmático. Uma peptidase sinal liga-se ao péptido e corta a sequência sinal (Fig. 14.6).

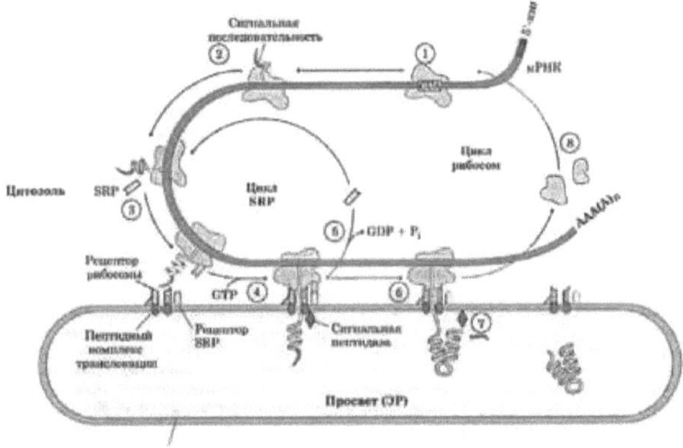

Figura 14.6: Entrega de proteínas eucarióticas com proteínas de sinalização sequências no retículo endoplasmático.

Glicosilação

A proteína sofre então uma glicosilação. Por exemplo, por serina ou treonina (o-glicosilação). Um local específico é glicosilado através da ligação de monossacáridos simples. N-glicosilação - ligação pelo grupo amida da asparagina, e oligossacárido já pronto, previamente sintetizado. Estes processos também ocorrem à medida que a proteína é sintetizada (Fig. 14.7).

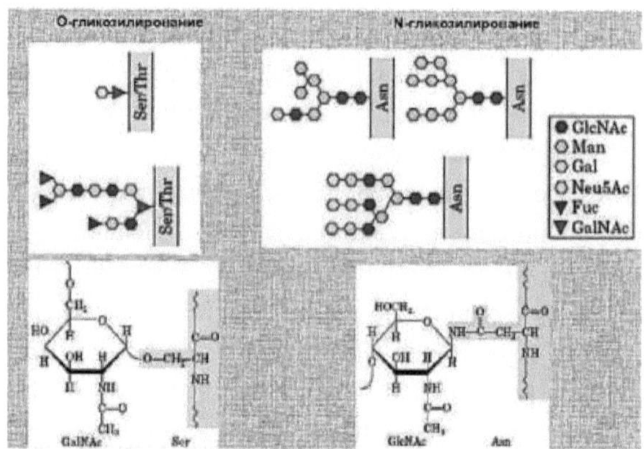

Figura 14.7 Opções de glicosilação

Resolução de problemas em biologia molecular

O aluno deve saber

1) a estrutura do ADN e do ARN;
2) terminologia básica de biologia molecular necessária para compreender e resolver problemas típicos de biologia molecular;
3) as regras de complementaridade dos pares de bases;
4) Regras de Chargaff;
5) tipos de ARN e sua classificação;
6) a massa média dos ácidos nucleicos e dos aminoácidos;
7) a distância entre os nucleótidos na cadeia de ADN;
8) um código de três nucleótidos;
9) métodos de biologia molecular (sessão 10).

O aluno deve ser capaz de

1) resolver problemas típicos da biologia molecular;
2) explicar o processo de resolução de um problema típico;
3) utilizar a tabela de códons.

A biologia molecular estuda os mecanismos de armazenamento e transmissão da informação hereditária. As tarefas da biologia molecular dividem-se em dois temas principais:

ácidos nucleicos, o código genético.

Conhecimentos básicos necessários para resolver um problema de biologia molecular O código genético é um sistema de registo da informação genética sobre a sequência de aminoácidos nas proteínas como uma sequência de nucleótidos no ADN ou ARN.

Propriedades do código genético:

1. O código é tripleto. Um aminoácido é codificado por três nucleótidos.
2. O código é universal. Todos os organismos vivos (desde as bactérias aos

seres humanos) utilizam o mesmo código genético.
3. O código é degenerado. Um aminoácido é codificado por mais de um tripleto.
4. O código não é ambíguo. Cada tripleto corresponde apenas a um aminoácido.
5. O códão não se sobrepõe. Um nucleótido não pode fazer parte de vários codões na cadeia de ARNm.
A sequência de nucleótidos de uma molécula de ADN determina a sua especificidade, bem como a especificidade das proteínas do organismo que são codificadas por essa sequência. Estas sequências são individuais para cada espécie de organismo e para os indivíduos de uma espécie.
ADN (ácido desoxirribonucleico) duas cadeias numa hélice ARN (ácido ribonucleico) uma cadeia constituída por nucleótidos Estrutura de um nucleótido
1 desoxirribose
2 resíduo de ácido fosfórico
3 base azotada
A - adenina
G - guanina
CD - citosina
T - timina
ribose 1
resíduo de ácido fosfórico 2
base azotada 3
A - adenina
G - guanina
CD - citosina
U - uracilo
Princípio da complementaridade das bases A-T, G-C A-U, G-C A complementaridade deve-se ao número de ligações de hidrogénio A = T duplo, G = Ts triplo ADN ARN
Regra de Chargaff
1. A=T, D=TS ; A+G = T+TS ^ 100%
50% 50%
(em dois circuitos)
A + D + Y + TS = 100%
(no mesmo circuito)
Bases azotadas: 1. Bases purinas - A, G 2. Bases pirimidínicas - Ts, T, U
Regra de Chargaff: = Σ(A) Σ(T), Σ(Γ) = X(Ts), Σ(A+Γ) =E(T+D) Um passo é

uma volta completa da hélice de ADN - uma volta de 360o Um passo são 10 pares de nucleótidos
O comprimento de um passo é de 3,4 nm
A distância entre dois nucleótidos é de 0,34 nm
A massa molecular de um nucleótido é 345 g/mol
Peso molecular de um aminoácido - 120 g/mol
O peso molecular médio de um resíduo de aminoácido é considerado como 120.
A massa molecular relativa de um nucleótido é considerada como 345.
Cálculo da massa molecular de uma proteína: Mmin = (a : c) x 100%, onde: Mmin é a massa molecular mínima da proteína, "a" é a massa atómica ou molecular do componente, "c" é o teor percentual do componente.

Tipos de tarefas

Todas as tarefas em biologia molecular podem ser classificadas em sete tipos:

1. Estabelecer a sequência de nucleótidos em anticódons de ADN, ARNi e ARNt utilizando o princípio da complementaridade.
2. Cálculo do número de nucleótidos, a sua percentagem na cadeia de ADN, iRNA.
3. Cálculo do número de ligações de hidrogénio na cadeia de ADN, ARNi.
4. Determinação do comprimento, massa de ADN, ARNi, gene.
5. Determinar a sequência de aminoácidos a partir da tabela do código genético.
6. Determinação da quantidade de aminoácidos, nucleótidos.
7. Tarefas combinadas.

Requisitos para a resolução de problemas

□ o curso da solução deve corresponder à sequência dos processos que ocorrem na célula;

□ resolver problemas de forma consciente, justificar teoricamente cada ação;

□ Registe a solução de forma clara: as cadeias de ADN, ARNi e ARNt são rectas, os símbolos dos nucleótidos são claros, localizados numa linha horizontal;

□ As cadeias de ADN, ARNi e ARNt devem ser colocadas numa linha sem hifenização;

□ escrever as respostas a todas as perguntas no final da solução.

O primeiro tipo de tarefas consiste em estabelecer a sequência de nucleótidos no ADN, ARNi e anticódons do ARNt
Uma secção da cadeia direita da molécula de ADN tem a sequência de nucleótidos: A-G-T-T-C-T-A-A-C-T-G- A-G-C-T-A-T. Escreva a sequência

de nucleótidos da cadeia esquerda de ADN.

Dado: ADN A-G-T-T-T-A-A-T-T-T-T-G-A-G-T-T-A-T.

Solução: (seleccionamos os nucleótidos da cadeia de ADN da esquerda de acordo com o princípio da complementaridade A-T, G-C) ADN A G T T T A T A T A T A T A T A T A T A T A T G A T A T A T A T A T A T A T A T A T A T A T A T A T A T A T A T A T A T A T A T A T A T A T

Resposta: a cadeia esquerda do ADN tem a sequência de nucleótidos T-C-A-G-A- T-T-G-A-T-T-T-T-T-T-C-G-T-A

O segundo tipo de tarefas para calcular o número de nucleótidos, o seu rácio percentual na cadeia de ADN, iRNA

Uma molécula de ADN contém 22% de nucleótidos com timina T. Determine a percentagem de nucleótidos com A, G, CD individualmente nesta molécula de ADN.

Dado: T -22%

Encontrar: % A, D, C

Solução 1.

1) De acordo com a regra de Chargaff A+G = T+C, todos os nucleótidos do ADN são 100%. Como a timina é complementar da adenina, A=22%.

22+22=44% (A+T) 100- 44 =56% (G+TS)

2) Como a guanina é complementar da citosina, os seus números também são iguais, portanto

56 : 2 =28% (G, TS)

Solução 2:

= 1) De acordo com a regra de Chargaff A+G T+C, todos os nucleótidos do ADN são 100% ou A+G e T+C são 50% cada Um vez que a timina é complementar da adenina, A=22%.

Resposta : A=22%, D=28%, C=28%

Quantos nucleótidos A, T, G estão contidos num fragmento de uma molécula de ADN se este fragmento contiver 1500 nucleótidos de CD, que é 30% do número total de nucleótidos deste fragmento de ADN?

Dado: Ts - 30% = 1500 nucleótidos

Encontrar: número de nucleótidos A, T, G

Solução:

Resposta: um fragmento de molécula de ADN contém: G=1500 nucleótidos, A=1000 nucleótidos, T=1000 nucleótidos.

Uma secção de uma molécula de ADN (uma cadeia) contém: 150 nucleótidos - A, 50 nucleótidos - T, 300 nucleótidos - CD, 100 nucleótidos - G. Determine: o número de nucleótidos da segunda cadeia com A, T, G, CD e o número total de nucleótidos com A, T, CD, G nas duas cadeias de ADN.

Dados: nucleótidos na 1ª cadeia de ADN: A - 150, T - 50, CD - 300, G - 100.
Encontra: A, T, C, G em duas cadeias de ADN.
Solução:
Resposta: nucleótidos na segunda cadeia T - 150, A - 50, G - 300, CD - 100; 1200 nucleótidos em duas cadeias.
Usando a tabela do código genético, completa a tabela abaixo. Assinala as extremidades 5'- e 3'- dos ácidos nucleicos e as extremidades N- e C- do polipéptido. A transcrição e a tradução ocorrem no sentido da esquerda para a direita.

C												2х цепочечная ДНК
						T	G	A				
	C	A				U						мРНК
									G	C	A	Антикодоны тРНК
				Trp								Аминокислоты, составляющие белок

Решение:

C	G	T	A	C	C	A	C	T	G	C	A	2х цепочечная ДНК
G	C	A	T	G	G	T	G	A	C	G	T	
G	C	A	U	G	G	U	G	A	C	G	U	мРНК
C	G	U	A	C	C	A	C	U	G	C	A	Антикодоны тРНК
	Ala			Trp			-			Arg		Аминокислоты, составляющие белок

O terceiro tipo de problemas para calcular o número de ligações de hidrogénio: duas cadeias de ADN são mantidas juntas por ligações de hidrogénio. Determine o número de ligações de hidrogénio duplas e triplas nesta cadeia de ADN se se sabe que existem 12 nucleótidos com adenina e 20 com guanina em ambas as cadeias.
Dado: A - 12, D - 20
Encontrar: o número de ligações de hidrogénio 2 e 3 no ADN
Solução:
Resposta: 24 ligações duplas de hidrogénio, 60 ligações triplas de hidrogénio, num total de 84 ligações de hidrogénio.
O quarto tipo de problemas é a determinação do comprimento, ADN, ARNi. Uma secção da molécula de ADN é constituída por 60 pares de nucleótidos. Determine o comprimento desta secção (a distância entre nucleótidos no ADN é de 0,34 nm)
Dado: 60 pares de nucleótidos

Encontrar: o comprimento da secção

Solução: comprimento do nucleótido 0,34 nm 60*0,34= 20,4 nm

Resposta: 20,4 nm

O número de nucleótidos na cadeia de ADN é 100. Determine o comprimento desta secção.

Dado: 100 nucleótidos

Encontrar: o comprimento da secção

Solução: o comprimento dos nucleótidos é de 0,34 nm, o ADN é constituído por 2 cadeias, pelo que existem 50 pares de nucleótidos. 50*0,34=17nm

Resposta: 17nm

O número de nucleótidos na cadeia de iRNA é 100. Determine o comprimento desta secção

Dado: 100 nucleótidos

Encontrar: o comprimento da secção

Solução: o comprimento dos nucleótidos é de 0,34 nm, o iRNA é constituído por uma cadeia 100x0,34=34nm

Resposta: 34nm

Uma secção de uma cadeia de ADN contém 720 nucleótidos, 120 dos quais são intrões. Determine o comprimento do pré-ARNi original, o comprimento do ARNm e o número de aminoácidos incluídos no polipéptido sintetizado.

Solução:

1. Determinamos o número de nucleótidos na composição do ARNi, sabendo que é igual ao número de exões do ADN.

720 - 120 = 600

2. Determinamos o comprimento do pré-iRNA e do iRNA, sabendo que o comprimento de um nucleótido é de 0,34 nm. comprimento do pré-iRNA: 0,34 x 720 nucleótidos = 244,8 nm comprimento do iRNA: 0,34 x 600 nucleótidos = 204 nm

3. Determinamos o número de aminoácidos no polipéptido, sabendo que um aminoácido é codificado por três nucleótidos.

600 : 3=200 aminoácidos.

Estudos demonstraram que o iRNA contém 34% de guanina, 18% de uracilo, 28% de citosina e 20% de adenina. Determine a composição percentual das bases azotadas na secção de ADN que é a matriz deste iRNA.

Solução (por conveniência, utilizamos a forma tabular de registo da solução):

[-RNA GUNA				
	34%	18%	28%	20%
ADN (vertente semântica,		A	ц	

legível)	28%	18%	34%	20%
ADN (cadeia anti-sentido)	Г	A	ц	T
	34%	20%	28%	18%

Calculamos a percentagem de bases azotadas com base no princípio da complementaridade:

A soma de A+T e G+C na cadeia semântica será: A+T=18%+20%=38%; G+TS=28%+34%=62%. Na cadeia anti-sentido (não-codificante), os totais serão os mesmos, mas a percentagem de bases individuais será invertida: A+T=20%+18%=38%; D+C=34%+28%=62%. Em ambas as cadeias, os pares de bases complementares serão iguais, ou seja, adenina e timina - 19% cada, guanina e citosina - 31% cada.

A massa molecular do fragmento de ADN é de 90.000. Do número total de nucleótidos neste fragmento, 85 são nucleótidos de timina. Determine o número de nucleótidos de guanina, citosina e adenina neste fragmento de ADN. Qual é o comprimento deste fragmento de ADN?

Solução:

1. Determine o número total de nucleótidos nas duas cadeias de ADN, sabendo que o peso molecular médio de um nucleótido é 345.

90.000 : 345 = 260 nucleótidos

2. Aplicação da regra de Chargaff. O fragmento contém 85 nucleótidos de timina e, por conseguinte, 85 nucleótidos de adenina. Determine o número de nucleótidos de citosina e guanina.

260 - (85 + 85) = 90

90 : 2 = 45 (G ou Ts).

3. Determinamos o comprimento do fragmento de ADN, sabendo que contém um total de 260 nucleótidos, 130 em cada cadeia. Comprimento do ADN = 0,34 nm * 130 = 44,2 nm.

"Biossíntese de proteínas, o código genético."

- o pré-iRNA é construído sobre uma secção de ADN
- O iRNA é formado como resultado do processamento e do splicing
- O ARNi passa para o citoplasma
- O ARNi liga-se ao ribossoma (2 tripletos)
- O ARNt transporta um aminoácido para o ribossoma
- o códon do iRNA é complementar ao anticódon do tRNA
- a proteína é formada a partir de aminoácidos no ribossoma
- ADN - iRNA-tRNK
- ADN - proteína iRNA
- 20 aminoácidos - 61 tripletos

□ 3 nucleótidos =1 tripleto =1 aminoácido = 1tRNA

Para a pergunta sobre o número de tipos de ARNt, nos livros de texto podemos encontrar um raciocínio típico de que pode haver 64 tipos possíveis de ARNt (o número corresponde ao número de combinações de códons e 4 a 3) menos três códons de paragem, e o total é 61.

Mas, para além dos aminoácidos canónicos, existem dois não canónicos - a selénio cisteína e a selénio metionina, que são incluídos no péptido sintetizado quando se lêem códons de paragem que se encontram num ambiente nucleotídico especial, o que significa que não é um códon de paragem, mas um códon de um aminoácido contendo selénio. Por conseguinte, deve haver mais de 61 ARNt.

Mas as mitocôndrias de quase todas as espécies contêm um conjunto minimalista de tRNAs - 22 espécies (Suzuki T, Nagao A, Suzuki T. Human mitochondrial tRNAs: biogenesis, function, structural aspects, and diseases. Annu Rev. Genet. 2011;45:299-329). Enquanto que, no citoplasma, o número de tRNAs varia muito de espécie para espécie e geralmente ocorre em torno de 50 tipos para 22 aminoácidos. No entanto, o mesmo conjunto de tipos de tRNA não costuma ocorrer em espécies diferentes.

Mas os tRNAs sofrem mais de 100 tipos de modificações, aumentando efetivamente o tamanho do alfabeto nucleotídico utilizado pelos tRNAs (Machnicka MA, Milanowska K, Oglou OO, Purta E, Kurkowska M, et al. 2013. MODOMICS: uma base de dados de vias de modificação de RNA-2013 update. Nucleic Acids Res. 41(edição da base de dados:) D262-67).

No entanto, o número de moléculas de ARNt formadas na célula depende do número de cópias dos genes de ARNt no genoma. Assim, existem 417 genes funcionais de tRNA no genoma humano (Chan P.P., Lowe T.M. 2016. GtRNAdb 2.0: um banco de dados expandido de genes de RNA de transferência identificados em genomas completos e rascunhos. Nucleic Acids Res. 44(edição da base de dados:) D184-89). Os tRNAs mais procurados são expressos. Os tRNAs cometem erros no reconhecimento de aminoácidos - cometem, a frequência de erros de tradução varia entre 10-4 e 10-3 por aminoácido.

À questão do número de tipos de tRNA. Então, quantos tipos de ARNt existem no citoplasma?

É necessário um mínimo de 31 tRNAs para a tradução inequívoca de todos os 61 códons de sentido; o número máximo observado é 41 (Lodish H, Berk A, Matsudaira P, Kaiser CA, Krieger M, Scott MP, Zipursky SL, Darnell J. (2004). Molecular Biology of the Cell. WH Freeman: Nova Iorque. 5th ed.). Mas entre o zoo de tRNAs há 16 mais ambíguos que podem reconhecer aminoácidos semelhantes.

O quinto tipo de tarefas consiste em determinar a sequência de aminoácidos utilizando a tabela do código genético.

Um fragmento de uma cadeia de ADN tem a sequência nucleotídica: TGGGGGAGTGGGAGTTA. Determine a sequência de nucleótidos no iRNA, os anticódons do tRNA e a sequência de aminoácidos de um fragmento de uma molécula de proteína. Dado: DNA T-G-G-A-G-A-G-T-G-A-G-G-A-G-A-G-T-T-A Encontrar: iRNA, tRNA e sequência de aminoácidos de uma proteína.

Solução:

1) Construir o ARNi numa cadeia de ADN de acordo com o princípio da complementaridade (A-U, G-C) e, em seguida, construir o ARNt na cadeia de ARNi de acordo com o princípio da complementaridade (A-U, G-C).

DNC T- G- G- A-G- T- G- A- G- T- T- A

iRNA A-C-C-C-U-C-A-C-C-U-C-A-C-U-C-A-A-A-A-U

tRNA U- G-G-A-G-A-G-G-U-G -A- G-G-U-U-U-A

2) dividir o iRNA em tripletos e determinar a sequência de aminoácidos da proteína utilizando a tabela do código genético: A-C-C-Tre, U-C-A Ser, C-U-C Leu, A-A-U Asn.

Resposta: iRNA A-C-C-C-U-C-A-C-U-C-A-C-U-A-C-U-A-C-U-A-U

tRNA U-G-G-A-G-U-G-U-G-A-G-G-U-U-U-U-A sequência de aminoácidos da proteína: tre, ser, leu, asn

Tabela de codões

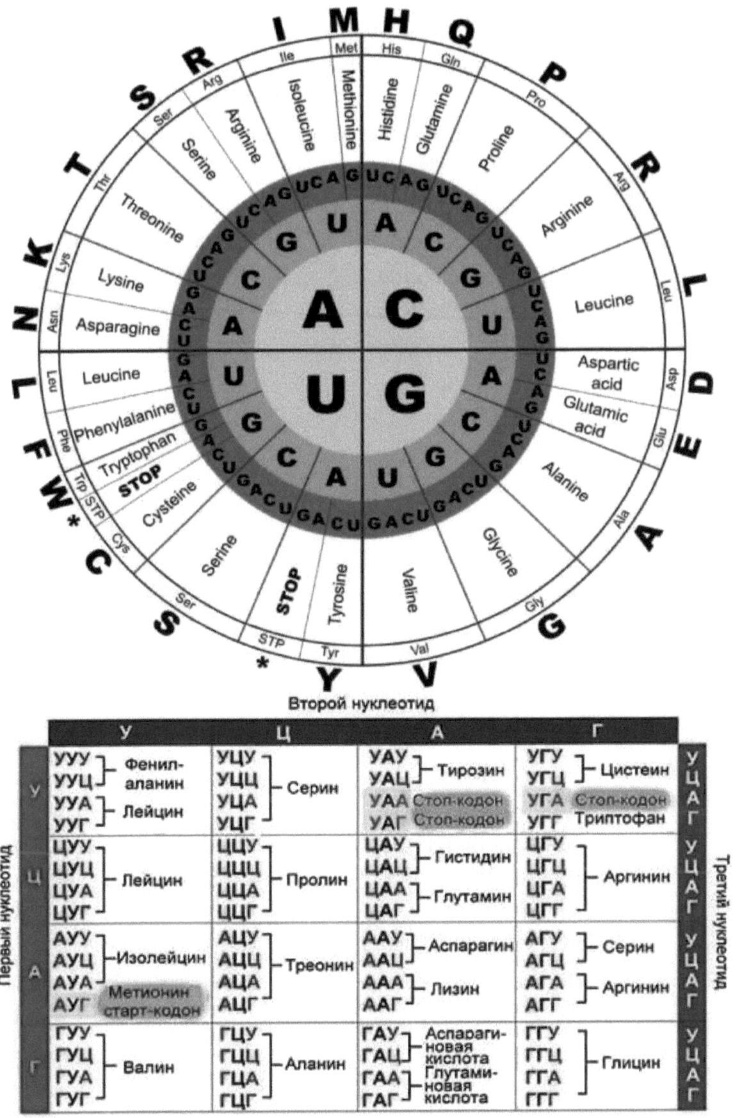

	У	Ц	А	Г	
У	УУУ, УУЦ – Фенил-аланин УУА, УУГ – Лейцин	УЦУ, УЦЦ, УЦА, УЦГ – Серин	УАУ, УАЦ – Тирозин УАА Стоп-кодон УАГ Стоп-кодон	УГУ, УГЦ – Цистеин УГА Стоп-кодон УГГ Триптофан	У Ц А Г
Ц	ЦУУ, ЦУЦ, ЦУА, ЦУГ – Лейцин	ЦЦУ, ЦЦЦ, ЦЦА, ЦЦГ – Пролин	ЦАУ, ЦАЦ – Гистидин ЦАА, ЦАГ – Глутамин	ЦГУ, ЦГЦ, ЦГА, ЦГГ – Аргинин	У Ц А Г
А	АУУ, АУЦ, АУА – Изолейцин АУГ Метионин старт-кодон	АЦУ, АЦЦ, АЦА, АЦГ – Треонин	ААУ, ААЦ – Аспарагин ААА, ААГ – Лизин	АГУ, АГЦ – Серин АГА, АГГ – Аргинин	У Ц А Г
Г	ГУУ, ГУЦ, ГУА, ГУГ – Валин	ГЦУ, ГЦЦ, ГЦА, ГЦГ – Аланин	ГАУ, ГАЦ – Аспарагиновая кислота ГАА, ГАГ – Глутаминовая кислота	ГГУ, ГГЦ, ГГА, ГГГ – Глицин	У Ц А Г

Uma secção da molécula de ADN tem a seguinte estrutura: GGA-ACC-ATA-GTC-CAA

Determinar a sequência de nucleótidos da secção correspondente do ARNi. Determine a sequência de aminoácidos do polipéptido sintetizado pelo ARNi. Como é que a sequência de aminoácidos do polipéptido se altera se o quinto nucleótido do ADN for substituído por adenina em resultado da mutação? Explique a sua resposta.

Dado: ADN GGA -ACC-ATA-GTC-CAA
Encontrar: sequência de aminoácidos da proteína original e mutada
Solução:
Resposta: pro, tri, tir, gln, val; pro, ley, tir, gln, val.

Sabe-se que todos os tipos de ARN são sintetizados numa matriz de ADN. O fragmento da molécula de ADN em que é sintetizada a ansa central do ARNt tem a seguinte sequência de nucleótidos ATAGCTCTGAATCGGGGATCT. Determine a sequência de nucleótidos da secção de ARNt que é sintetizada neste fragmento e o aminoácido que este ARNt transportará durante a biossíntese da proteína, se o terceiro tripleto corresponder ao anticódão do ARNt.

Dado: ADN: ATAGCTCTGAAGCGCGCGCGCGCT
Encontrar: a sequência de nucleótidos de uma secção de ARNt o aminoácido que o ARNt transportará
Solução:

1)Uma vez que os ARNt são sintetizados no ADN, vamos construir os ARNt de acordo com o princípio da complementaridade (A-U, G-C) ADN A T A G C T G A C G A C G A C G A C T ARNt U A U C G A C G C C U G C C C C A

2) Um aminoácido é codificado por um códon de iRNA. tRNA U A U U C G A C U U G C U G C U G C C C U G A
iRNA G A A A

O terceiro tripleto (anticódão do ARNt) TSUU , corresponde ao códão do ARNi GAA (segundo o princípio da complementaridade), de acordo com a tabela do código genético este códão corresponde ao aminoácido GLU, que é transportado por este ARNt.

Resposta: tRNA UAUTSGATSUGCUUGCUUGCUGA aminoácido GLU.

Na síndrome de Fanconi, o doente excreta aminoácidos na urina, que correspondem a codões no iRNA: AUA GUG AUG UCA UCA UUG GUG GUG UUU AUU. Determine que aminoácidos são excretados na urina na síndrome de Fanconi, se a urina de uma pessoa saudável contém os aminoácidos alanina, serina, ácido glutâmico e glicina.

Solução (por conveniência, utilizamos a forma de tabela para registar a solução): Utilizando o princípio da complementaridade e a tabela de
do código que obtemos:

иРНК	АУА	ГУЦ	АУГ	УЦА	УУГ	ГУУ	АУУ
Аминокислоты цепи белка (больного человека)	Изе-Вал-Мет-Сер-Лей-Вал-Иле						
Аминокислоты цепи белка (здорового человека)	Ала-Сер-Глу-Гли						

Assim, na urina de uma pessoa doente, apenas um aminoácido (serina) é o mesmo de uma pessoa saudável, os restantes são novos e os três caraterísticos de uma pessoa saudável estão ausentes.

O sexto tipo de problemas - determinação da massa proteica, número de aminoácidos, nucleótidos Um fragmento de uma molécula de ADN contém 1230 resíduos de nucleótidos. Quantos aminoácidos estarão incluídos na proteína?

Dado: 1230 nucleótidos.

Encontrar: o número de aminoácidos

Solução:

Um aminoácido corresponde a 3 nucleótidos, pelo que 1230:3= 410 aminoácidos.

A resposta é 410 aminoácidos.

Quantos nucleótidos contém um gene que codifica uma proteína de 210? aminoácidos?

Determine o número de aminoácidos que constituem a proteína, o número de tripletos e o número de nucleótidos no gene que codifica esta proteína se 30 moléculas de ARNt estiverem envolvidas no processo de tradução.

Dado: 30tRNA

Encontrar: número de aminoácidos, tripletos, nucleótidos no gene

Solução:

Resposta: aminoácidos 30, tripletos 30, 90 nucleótidos.A massa molecular de um polipéptido é 40000. Determine o comprimento do gene que o codifica se a massa molecular de um aminoácido for, em média, 100 e a distância entre nucleótidos vizinhos na cadeia de ADN for 0,34 nm.

Dado: massa da proteína - 40000

massa de aminoácidos -100

espaçamento entre nucleótidos 0,34nm

Encontrar: o comprimento do gene

Solução:

Resposta: comprimento do gene 408 nm

O ADN de um fago tem uma massa molecular de 106. Quantas proteínas podem ser codificadas nele, assumindo que uma proteína típica consiste em

50 aminoácidos? Determine se o gene ou a proteína tem uma massa molecular maior.

Solução:

1) Determinar o peso molecular de uma proteína, sabendo que o peso molecular médio de um aminoácido é 120. 50*120=6000

2. determinar a massa molecular de um gene. De acordo com a condição do problema, uma proteína típica é constituída por 50 aminoácidos, pelo que um gene é constituído por 50 tripletos (150 nucleótidos, respetivamente).

Sabe-se que a massa molecular média de um nucleótido é 345 150*345=51750

3. Determinar o número de proteínas codificadas no ADN do fago.

106 = 1 000 000

1 000 000 : 51750 = 19

Assim, o peso molecular do gene é maior do que o peso molecular da proteína.

Tarefas combinadas

Uma proteína é constituída por 100 aminoácidos. Determine quantas vezes a massa molecular do gene que codifica esta proteína excede a massa molecular da proteína, se a massa molecular média de um aminoácido é 110 e a massa molecular média de um nucleótido é 300.

Dado:

100 aminoácidos, a massa molecular de um aminoácido é 110 e a massa molecular de um nucleótido é 300.

Descobre: quantas vezes a massa do gene é maior do que a massa da proteína.

Solução:

1) Como um gene é uma secção de ADN constituída por nucleótidos, vamos determinar o seu número: os aminoácidos são 100, um aminoácido é codificado por 3 nucleótidos, logo 100*3=300 nucleótidos.

2) Uma proteína é constituída por aminoácidos. A massa molecular de uma proteína é 100*110=11000, 3) Um gene é constituído por nucleótidos. A massa molecular de um gene é 300*300=90000

4) A massa molecular da região do gene que codifica esta proteína excede a massa molecular da proteína: 90000 : 11000=8 vezes

Resposta: 8 vezes

Qual é o comprimento da secção da molécula de ADN em que está codificada a estrutura primária da insulina, se a molécula de insulina contiver 51 aminoácidos e um nucleótido ocupar 0,34 nm na cadeia de ADN? Qual é o número de moléculas de ARNt necessárias para transportar este número de aminoácidos para o local de síntese? (Note-se que um ARNt fornece um aminoácido ao ribossoma.) Explique a sua resposta.

Resposta: comprimento do ADN 52 nm, 51 moléculas de ARNt

Troca de energia

Conceitos básicos

1. Etapa preparatória (no tubo digestivo, lisossomas) amido glucose (E)
2. "Glicólise" sem oxigénio (no citoplasma) glicose 2 PBC + 2ATP
3. "Respiração" do oxigénio (nas mitocôndrias) PBC CO2 +H 2O + 36 ATP

1 glucose = 38 ATP

Durante a glicólise, foram formadas 42 moléculas de ácido pirúvico. Quantas moléculas de glucose foram clivadas e quantas moléculas de ATP são formadas por oxidação completa?

Dado: 42 PBCs

Encontrar: quantidade de glucose, quantidade de ATP na oxidação completa.

Solução:

1) Na glicólise, uma molécula de glicose é decomposta para formar 2 moléculas de ácido pirúvico (PVA), pelo que 42 : 2 = 21 moléculas de glicose foram submetidas à glicólise;

2) a oxidação completa de uma molécula de glicose (etapas sem oxigénio e oxigenada) produz 38 moléculas de ATP;

3) a oxidação de 21 moléculas produz: 21 * 38 = 798 moléculas de ATP.

Resposta: 21 moléculas de glucose, 798 moléculas de ATP

Divisão celular

(n - número de cromossomas; c - quantidade de ADN) mitose meiose

Interfase	2p2c - 2p4s	6 ■ 10 "^{9} mg 12 10-^{9} mg.
Prófase	2p4s	12 10-^{9} mg.
Metáfase	2p4s	12 10-^{9} mg.
Anáfase	2p4s	12 10'^{9}mg
Telófase	2p2c	6 - 10 "^{9} mg.

Interfase	2p2c - 2p4c	6 ■ 10 "^{9} mg 12 ■ IO '^{9} mg.
Prófase i	2p4s	12 10-' mg
Metáfase i	2p4s	12 10-' mg
Anáfase i	2p4s	12 10'^{9}mg
Telófase i	p2c	6 - 10 '^{9} mg
Prófase 2	p2c	6 ■ 10 "^{9} mg
Metáfase 2	p2c	6 - 10 "^{9} mg.
Anáfase 2	η 2s	6 - 10 *^{9} mg
Telófase 2	η com	3-10-^{9}mg

A massa total de todas as moléculas de ADN nos 46 cromossomas de uma célula somática humana é de cerca de 6-10 -9 mg. Determine qual é a massa de todas as moléculas de ADN no núcleo durante a ovogénese, antes do início da divisão, no final da telófase da meiose I e da meiose II. Explique os resultados obtidos.

Solução:

1) antes do início da divisão durante a replicação, o número de ADN duplica e a massa de ADN é 2 ˣ 6 ˣ 10 -9 = 12 ˣ 10 -9 mg;

2) a primeira divisão da meiose é a redução, o número de cromossomas torna-se 2 vezes menor, mas cada cromossoma é constituído por duas moléculas de ADN (cromátides irmãs), pelo que na telófase da meiose I a massa de ADN é 12 ˣ 10 -9 : 2 = 6 x 10-9 mg;

3) Após a meiose II, cada núcleo da célula contém cromossomas monocromáticos de um conjunto haploide, pelo que na telófase da meiose II a massa de ADN é de 6 x 10-9 : 2 = 3 x 0-9 mg

Resposta:

1)antes do início da divisão, a massa de ADN = 12 x 10 -9 mg

2) Na telófase da meiose I, a massa de ADN = 6 x10-9 mg;

3) Na telófase da meiose II massa = 3 x10-9 mg

Análise de restrições

Permite a identificação de regiões biologicamente importantes no ADN.

Desde

Um mapa de restrição reflecte a localização de uma determinada sequência de nucleótidos num determinado local; a comparação destes mapas para dois ou mais genes relacionados permite-nos estimar a homologia entre eles. A análise dos mapas de restrição permite comparar certas secções de ADN de diferentes espécies animais sem determinar a sua sequência nucleotídica. Também permite ver alterações genéticas importantes, como deleções ou inserções. Neste caso, verifica-se uma diminuição ou aumento dos fragmentos de restrição, bem como o desaparecimento ou aparecimento de sítios de restrição.

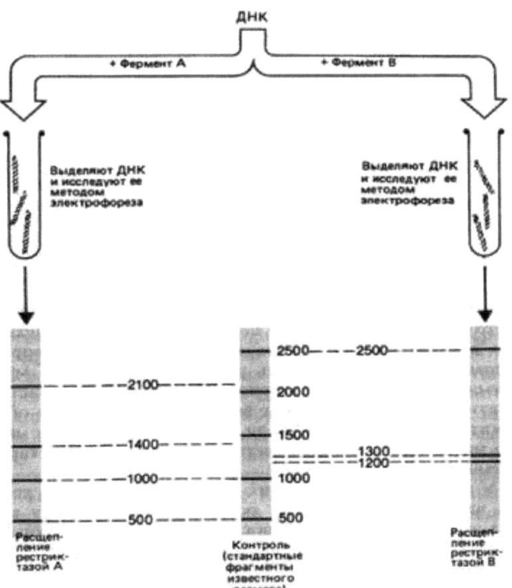

O fragmento linear de ADN foi tratado com a restritase EcoRI, a restritase BamHI e a respectiva mistura. Os produtos da reação foram separados num gel de agarose e corados com brometo de etídio. Os resultados da eletroforese são apresentados na figura. Os números indicam os tamanhos aproximados dos fragmentos em pb. Desenhe o mapa de restrição do fragmento.

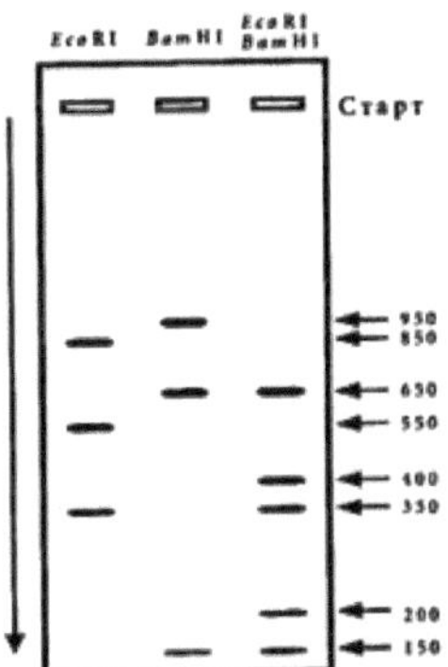

Solução:

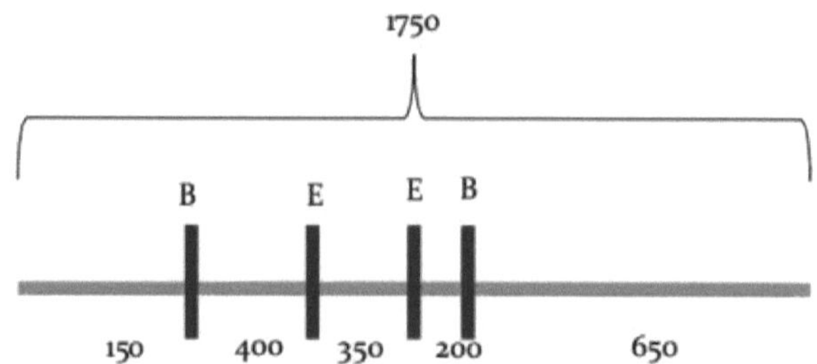

Problemas a resolver de forma autónoma. Resolvê-los após o esboço do tópico e enviar a solução juntamente com o esboço

Tarefas de auto-resolução

1. O ARN isolado do vírus do mosaico do tabaco contém 20% de citosina. Pode

é possível calcular a percentagem de adenina neste ARN?

2. Qual é o número de nucleótidos contidos no ARNm que codifica o polipéptido,

cuja massa molecular é 27kDa, se a massa molecular de um aminoácido numa proteína é de aproximadamente 100 Da?

3. Existe uma molécula de ADN com a seguinte forma

	1	2	3	4	5	6	7	8	9	10	11
А.	ТАЦ	АТГ	АТЦ	АТТ	ТЦА	ТГА	ААТ	ТТЦ	ТАГ	ЦАГ	ГТА
Б.	АТГ	ТАЦ	ТАГ	ТАА	АГТ	АЦТ	ТТА	ААГ	АТЦ	ГТА	ЦАТ

Em que os números indicam a ordem dos tripletos e as letras A e B indicam os filamentos individuais da molécula de ADN. Sabe-se que este ADN permite a síntese de um polipéptido constituído por 5 aminoácidos. Que cadeia de ADN, a partir de que codão, e em que direção deve ser transcrita?

1 2 3 4 5 6 7 8 9 10 11

A. TAC ATG ATG ATT TCA TGA AAT TTC TTC TSAG TSAG GTA

Б. ATG TAC TAC TAC TAA AGT ATT TTA AAG ATG GTA TSAT

4. Complete a tabela e indique as extremidades 5/ e 3/ corretas para as moléculas de ADN, ARNm e ARNt.

Ц												Двунитч. ДНК
						Т	Г	А				
	Ц	А				У						мРНК
									Г	Ц	А	Антикод тРНК
			Триптофан									Аминокисл., включающаяся в белок

5. Existe uma molécula de ADN de dupla hélice que representa uma região de um gene:

Suponha que a transcrição começa no nucleótido A do ARNm, prossegue da esquerda para a direita e continua até ao fim.

Definir:

- Sequência do ARNm sintetizado;
- Sequências de aminoácidos num polipéptido;
- como é que a estrutura de uma proteína se alteraria se houvesse terceira deleção CD numa cadeia não codificante?

5'	Ц	А	Ц	Т	Ц	Т	Г	Ц	Т	Т	Г	Ц	Г	Т	Г	Г	А	Ц	Г	Ц	А	Т	Т	А	А	Ц
3'	Г	Т	Г	А	Г	А	Ц	Г	А	А	Ц	Г	Ц	А	Ц	Ц	Т	Г	Ц	Г	Т	А	А	Т	Т	Г

6. A figura mostra os resultados da eletroforese de fragmentos de ADN amplificados por PCR de membros de uma família (pai, mãe e 9 filhos). O pai e 6 filhos (3,5,7,8,10,11) desta família têm sintomas da doença hereditária coreia
Huntington. O pai desenvolveu a doença aos 40 anos e as idades dos filhos com os primeiros sintomas da doença são apresentadas na figura ao lado dos fragmentos de ADN correspondentes. Qual é a probabilidade de as crianças 4, 6 e 9 terem a doença?

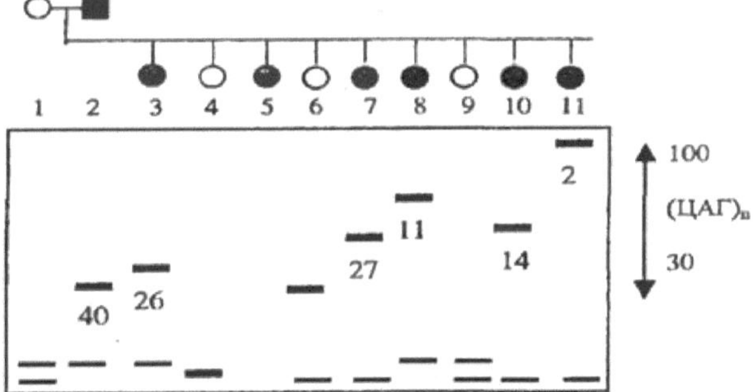

7. A hemoglobina do sangue humano contém 0,34% de ferro. Calcule o peso molecular mínimo da hemoglobina.
8. A albumina do soro humano tem uma massa molecular de 68400. Determine o número de resíduos de aminoácidos na molécula desta proteína.
9. Uma proteína contém 0,5% de glicina. = Qual é o peso molecular mínimo desta proteína, se Mmin 75,1? Quantos resíduos de aminoácidos existem nesta proteína?
10. Durante a dissimilação, 4 moles de glucose foram decompostos, dos quais apenas 3 moles sofreram uma decomposição completa.

Definir:

A) quantos moles de ácido lático são formados?

B) quantos moles de ATP são sintetizados?

B) Que quantidade de energia é armazenada neles?
D) Quantos moles de CO_2 se formaram?
E) Quantos moles de O_2 são consumidos?

11. Durante a dissimilação, 13 moles de glucose foram decompostos, dos quais apenas 5 moles foram completamente decompostos.

Definir:

A) Quantos moles de ácido lático se formaram?
B) Qual a quantidade de ATP formada neste processo?
B) Que quantidade de energia é armazenada neles?
D) Quantos moles de CO_2 se formaram?
E) Quantos moles de O_2 são consumidos?

12. O vírus do mosaico do tabaco (vírus com ARN) sintetiza uma secção de proteína com a sequência de aminoácidos: Ala - Tre - Ser - Ala - Tre - Ser - Ser - Ser.

Glu - Met -. Sob a ação do ácido nítrico (fator mutagénico), a citosina é convertida em uracilo por desaminação. Que estrutura terá a secção proteica do vírus do mosaico do tabaco se todos os nucleótidos da citosina sofrerem a transformação química acima referida?

Solução (por conveniência, usamos a forma tabular de escrever a solução): Usando o princípio da complementaridade e a tabela do código genético, obtemos:

Aminoácidos da cadeia proteica inicial)					
eRNASource)					
iRNA (desaminado)					
Aminoácidos da cadeia proteica desaminados)					

Para consolidar a matéria teórica sobre métodos e técnicas de resolução de problemas, há tarefas de resolução autónoma, bem como questões de autocontrolo.

Exemplos de resolução de problemas

Explicação necessária:

Um passo é uma volta completa de 360o da hélice do ADN.
Um passo é constituído por 10 pares de nucleótidos
O comprimento de um passo é de 3,4 nm
A distância entre dois nucleótidos é de 0,34 nm
A massa molecular de um nucleótido é 345 g/mol
Peso molecular de um aminoácido - 120 g/mol

Numa molécula de ADN: A+G=T+C (Regra de Chargaff: = = Σ(A) Σ(T), Σ(Γ) Σ(4), Σ(A+Γ) =Σ(T+^
Complementaridade nucleotídica: A=T; G=C
As cadeias de ADN são mantidas juntas por ligações de hidrogénio que se formam entre bases azotadas complementares: a adenina e a timina estão unidas por duas ligações de hidrogénio e a guanina e a citosina por três.
Em média, uma proteína contém 400 aminoácidos;
calcular o peso molecular de uma proteína:
em que M min é a massa molecular mínima da proteína,
a - massa atómica ou molecular do componente, c - teor percentual do componente.
Tarefa. Uma das cadeias de ADN tem a sequência de nucleótidos: AGT ACC HAT HAT HAT HAT HAT HAT HAT CGA TTT HAT HAT HAT ... ... Qual é a sequência de nucleótidos da segunda cadeia de ADN da mesma molécula? Para maior clareza, pode utilizar o "alfabeto" magnético do ADN (técnica do autor do artigo).
Solução: de acordo com o princípio da complementaridade, completamos a segunda cadeia (A-T,G-C). O seu aspeto é o seguinte: TTSA TGG TSTA TGA TGA GZT AAA TGZ.
Tarefa. A sequência de nucleótidos no início do gene que armazena a informação sobre a proteína insulina começa da seguinte forma: AAA CAAC DTG DTT GTA GAC. Escreve a sequência de aminoácidos que inicia a cadeia da insulina.
Solução: A tarefa é realizada utilizando uma tabela de código genético, na qual os nucleótidos no iRNA (entre parênteses - no ADN original) correspondem a resíduos de aminoácidos.
Tarefa. A maior das duas cadeias da proteína insulina (a chamada cadeia B) começa com os seguintes aminoácidos: fenilalanina-valina-asparagina-ácido glutâmico-histidina-leucina. Escreva a sequência de nucleótidos no início da secção da molécula de ADN que armazena a informação sobre esta proteína.
Solução (por conveniência, utilizamos a forma de tabela do registo de solução): uma vez que um aminoácido pode ser codificado por vários tripletos, é impossível determinar a estrutura exacta do sítio de i-RNA e DNA, a estrutura pode variar. Utilizando o princípio da complementaridade e a tabela do código genético, obtém-se uma das variantes.
Tarefa. Uma secção do gene tem a seguinte estrutura, constituída por uma sequência de nucleótidos: CYG CYC TCA AAA TCA .... Especifique a estrutura da secção correspondente da proteína, cuja informação está contida neste gene. Qual é o efeito na estrutura da proteína se o quarto nucleótido for

removido do gene?
Solução (por conveniência, usamos a forma tabular de escrever a solução): Usando o princípio da complementaridade e a tabela do código genético, obtemos:
Quando o quarto nucleótido, CD, é eliminado do gene, ocorre uma alteração notável - o número e a composição dos aminoácidos na proteína diminuem:
Tarefa. O vírus do mosaico do tabaco (vírus contendo ARN) sintetiza uma secção de proteína com a sequência de aminoácidos: Ala - Tre - Ser - Glu - Met-. Sob a ação do ácido nítrico (fator mutagénico), a citosina é convertida em uracilo por desaminação. Que estrutura terá a secção proteica do vírus do mosaico do tabaco se todos os nucleótidos da citosina sofrerem a transformação química acima referida?
Tarefa. No síndroma de Fancomi (perturbação da formação do tecido ósseo), um doente com urina excreta aminoácidos que correspondem aos códons no ARN e -RNA: AUA GUTS AUG AUG UCA UUG GUG AUG AUG. Determinar que aminoácidos são excretados na urina na síndrome de Fancomi, se uma pessoa saudável tem alanina, serina, ácido glutâmico, glicina na urina.
Solução (por conveniência, usamos a forma tabular de escrever a solução): Usando o princípio da complementaridade e a tabela do código genético, obtemos:
e -RNA AUA GUTS AUG UCA UUCA UUG GUG UUU AUG
Aminoácidos da cadeia proteica (humano doente) Ise-Val-Met-Met-Ser-Leu-.
Val-Ile
Aminoácidos da cadeia proteica (humano saudável) Ala-Ser-Glu-Gly
Assim, na urina de uma pessoa doente, apenas um aminoácido (serina) é o mesmo de uma pessoa saudável, os restantes são novos e os três caraterísticos de uma pessoa saudável estão ausentes.
Tarefa. A cadeia A da insulina bovina contém alanina na 8ª ligação e treonina na 9ª ligação, serina e glicina, respetivamente. O que é que se pode dizer sobre a origem das insulinas?
Solução (por conveniência de comparação, usamos a forma tabular do registo da solução): Vamos ver que tripletos no i-RNA são codificados pelos aminoácidos mencionados na condição do problema.

Organism	Touro	Cavalo
8ª ligação	Ala	Tre
e- ARN	HZU	ACU
9ª ligação	Enxof	Glee
e- ARN	ASU	GSU

Uma vez que os aminoácidos são codificados por diferentes tripletos, são selecionados os tripletos que diferem minimamente uns dos outros. Neste caso, no cavalo e no touro, os aminoácidos da 8ª e 9ª cadeias foram alterados em resultado da substituição dos primeiros nucleótidos dos tripletos e do ARNm: a guanina foi substituída por adenina (ou vice-versa). No ADN de cadeia dupla, isto seria equivalente à substituição do par Ts-G por T-A (ou vice-versa).

Por conseguinte, as diferenças nas cadeias A da insulina bovina e equina devem-se a transições na secção da molécula de ADN que codifica a 8ª e a 9ª ligações da cadeia A das insulinas bovina e equina.

Tarefa. Estudos demonstraram que o i-RNA contém 34% de guanina, 18% de uracilo, 28% de citosina e 20% de adenina. Determine a composição percentual das bases azotadas numa secção de ADN, que é a matriz deste i-RNA.

Solução (por conveniência, utilizamos a forma de tabela para registar a solução): Calculamos a relação percentual das bases azotadas com base no princípio da complementaridade: i-RNA Г У Ц А

34% 18% 28% 20%

ADN (cadeia sensorial, legível) G A C T T

28% 18% 34% 20%

ADN (cadeia anti-sentido) G A C T 34% 20% 28% 18%

A soma de A+T e G+C na cadeia semântica será: A+T=18%+20%=38% ; G+TS=28%+34%=62%. Na cadeia anti-sentido (não-codificante), os totais serão os mesmos, apenas a percentagem de bases individuais será invertida: A+T=20%+18%=38% ; D+TS=34%+28%=62%. Em ambas as cadeias os pares de bases complementares serão iguais, ou seja, adenina e timina - 19% cada, guanina e citosina - 31% cada.

Tarefa nº 8. Num fragmento de uma cadeia de ADN, os nucleótidos estão dispostos na sequência: A-A-G-T-T-T-T-T-A-C-G-T-T-A-T. Determine a percentagem de todos os nucleótidos neste fragmento de ADN e o comprimento do gene.

Solução:

1) completar a segunda cadeia (de acordo com o princípio da complementaridade)

2) Σ(A +T+T+C+G) = 24, dos quais Σ(A) = 8 = Σ(T)

24 - 100% => x = 33,4%

8 - x%

24 - 100% => x = 16,6%

4 - x%

Σ(Γ) = 4 = Σ(^

3) A molécula de ADN é de cadeia dupla, pelo que o comprimento de um gene é igual ao comprimento de uma cadeia simples:

12 X 0,34 = 4,08 nm

Tarefa #9. A percentagem de nucleótidos de citidilo numa molécula de ADN é de 18%. Determine a percentagem de outros nucleótidos neste ADN.

Solução:

1 .como Ts = 18%, então G = 18%;

2) A+T representam 100 por cento - (18 por cento +18 por cento) = 64 por cento, ou seja, 32 por cento cada

Tarefa #10. Numa molécula de ADN encontram-se 880 guanidil nucleótidos, que constituem 22% do número total de nucleótidos deste ADN.

Determine: a) quantos outros nucleótidos existem neste ADN? b) qual é o comprimento deste fragmento?

Solução:

= 1) Σ(Γ) Σ(4)= 880 (isto é 22%); Outros nucleótidos representam 100% - (22%+22%)= 56%, ou seja, 28% cada; Para calcular o número destes nucleótidos, fazemos uma proporção:

22% - 880

28% é x, logo x = 1120.

2) Para determinar o comprimento do ADN, é necessário saber quantos nucleótidos estão presentes numa cadeia:

(880 + 880 + 1120 + 1120) : 2 = 2000

2000 X 0,34 = 680 (nm)

Tarefa n.º 11. É dada uma molécula de ADN com uma massa molecular relativa de 69 000, dos quais 8625 são nucleótidos de adenilo. Encontre o número de todos os nucleótidos deste ADN. Determine o comprimento deste fragmento.

Solução:

1. 69.000 : 345 = 200 (nucleótidos no ADN), 8625 : 345 = 25 (nucleótidos de adenilo nesse ADN), £(G+C) = 200 - (25+25)= 150, ou seja, há 75 de cada;

2) 200 nucleótidos em duas cadeias, pelo que uma cadeia tem 100 nucleótidos. 100 x 0,34 = 34 (nm)

Tarefa. O que é mais pesado: a proteína ou o seu gene?

Solução: Seja x o número de aminoácidos de uma proteína, então a massa dessa proteína é 120x, o número de nucleotídeos no gene que codifica essa proteína é 3x, a massa desse gene é 345 x 3x. 120x < 345 x 3x, logo o gene é mais pesado que a proteína.

Tarefa. A hemoglobina do sangue humano contém 0,34% de ferro. Calcular a massa molecular mínima da hemoglobina.

Solução: Mmin = 56 : 0,34% - 100% = 16471

Tarefa. A albumina do soro humano tem uma massa molecular de 68400. Determine o número de resíduos de aminoácidos na molécula desta proteína.

Solução: 68400 : 120 = 570 (aminoácidos numa molécula de albumina)

Tarefa. Uma proteína contém 0,5% de glicina. Qual é a massa molecular mínima desta proteína se M de glicina = 75,1? Quantos resíduos de aminoácidos existem nesta proteína?

Solução: Mmin = 75,1 : 0,5% - 100% = 15020 ; 15020 : 120 = 125 (aminoácidos nesta proteína)

Tarefas para trabalho independente

Uma molécula de ADN dividiu-se em duas cadeias, uma das quais tem a seguinte estrutura: TAG ACT GGT GGT ACA CDGT GGT GAT GAT TCA .... Qual será a estrutura da segunda molécula de ADN quando esta cadeia se completar numa molécula completa de cadeia dupla?

A cadeia polipeptídica de uma proteína animal tem o seguinte início: lisina-glutamina-treonina-alanina-alanina-alanina-lisina-... Com que sequência de nucleótidos inicia o gene correspondente a esta proteína?

Uma secção de uma molécula de proteína tem a seguinte sequência de aminoácidos: glutamina-fenilalanina-leucina-tirosina-arginina. Identifique uma das sequências de nucleótidos possíveis numa molécula de ADN.

Uma secção de uma molécula de proteína tem a seguinte sequência de aminoácidos: glicina-tirosina-arginina-alanina-cisteína. Identifique uma das sequências de nucleótidos possíveis numa molécula de ADN.

Uma cadeia da ribonuclease (enzima pancreática) é constituída por 16 aminoácidos: Glu-Gly-Asp-Pro-Tyr-Val-Pro-Val-Pro-Val-Gis-Phen-Phen-Asn-Ala-Ser-Val. Determine a estrutura da região do ADN que codifica esta parte da ribonuclease.

Um fragmento de um gene de ADN tem a seguinte sequência de nucleótidos GTC CTA ATC GGA TTT. Determine a sequência de nucleótidos, ARN e aminoácidos na cadeia polipeptídica da proteína.

Um fragmento de gene de ADN tem a seguinte sequência de nucleótidos TCG GTC GTC AAC TTA GCT. Determine a sequência de nucleótidos de i-RNA e de aminoácidos na cadeia polipeptídica da proteína.

Um fragmento de um gene de ADN tem a seguinte sequência de nucleótidos TGG ACA GGT TTC GTA. Determine a sequência de nucleótidos do i-RNA e de aminoácidos na cadeia polipeptídica da proteína.

Determine a ordem dos aminoácidos numa secção de uma molécula de proteína se se souber que esta é codificada pela seguinte sequência de nucleótidos do ADN: TGA TGC GTT TAT TAT GTSGT GTSG CCC. Como é que a proteína se alteraria se o nono e o décimo terceiro nucleótidos fossem removidos quimicamente?

A cadeia codificante do ADN tem a sequência de nucleótidos: TAG TGT TTC TTS TTSG GTA. Como se altera a estrutura da molécula de proteína se o sexto nucleótido da cadeia de ADN for duplicado? Explique os resultados.

A cadeia codificadora do ADN tem a sequência de nucleótidos: TAG TTC TcTc TcG AGA. Como se altera a estrutura da molécula de proteína se o oitavo nucleótido da cadeia de ADN for duplicado? Explique os resultados.

Sob a influência de factores mutagénicos, o segundo tripleto foi substituído pelo tripleto ATA num fragmento do gene: CAT TAG TAG GTA TGT TGT TCG. Explique como é que a estrutura da molécula de proteína se vai alterar.

Sob a influência de factores mutagénicos no fragmento de gene: AGA TAG TAG GTA GTA GTA GTA GGT TGT TcG, o quarto tripleto foi substituído pelo tripleto de ACC. Explique como é que a estrutura da molécula de proteína se altera.

Um fragmento de uma molécula de i-RNA tem a seguinte sequência de nucleótidos: GCA UGU AGC AGC AAG CYC. Determine a sequência de aminoácidos na molécula de proteína e o seu peso molecular.

Um fragmento de uma molécula de i-RNA tem a seguinte sequência de nucleótidos: GAG CCA AAU ATSU UUA. Determine a sequência de aminoácidos na molécula de proteína e o seu peso molecular.

Um gene de ADN contém 450 pares de nucleótidos. Qual é o comprimento, o peso molecular e quantos aminoácidos estão codificados no gene?

Quantos nucleótidos contém um gene de ADN que codifica 135 aminoácidos? Qual é o peso molecular deste gene e o seu comprimento?

Um fragmento de uma cadeia de ADN tem a seguinte estrutura: GGT ACG ATG ATG TCA AGA. Determine a estrutura primária da proteína codificada nesta cadeia, o número (%) de diferentes tipos de nucleótidos nas duas cadeias do fragmento e o seu comprimento.

Qual é a massa molecular de um gene e o seu comprimento se este codifica uma proteína com uma massa molecular de 1500 g/mol?

Qual é a massa molecular de um gene e o seu comprimento se este codifica uma proteína com uma massa molecular de 42000 g/mol?

Uma molécula de proteína contém 125 aminoácidos. Determine o número de nucleótidos nos genes do i-RNA e do DNA e o número de moléculas de t-RNA envolvidas na síntese desta proteína.

Uma molécula de proteína contém 204 aminoácidos. Determine o número de nucleótidos nos genes do i-RNA e do DNA e o número de moléculas de t-RNA envolvidas na síntese desta proteína.

145 moléculas de ARN-t estiveram envolvidas na síntese de uma molécula de proteína. Determine o número de nucleótidos no i-RNA, gene de ADN e o número de aminoácidos na molécula de proteína sintetizada.

128 moléculas de ARN-t participaram na síntese de uma molécula de proteína. Determine o número de nucleótidos do i-RNA, do gene de ADN e o número de aminoácidos da molécula de proteína sintetizada.

Um fragmento da cadeia de i-RNA tem a seguinte sequência: YYYY UYYY UAU CCC AAC AAC UGU. Determine a sequência de nucleótidos no ADN, os anticódões do ARNt e a sequência de aminoácidos correspondente ao fragmento de gene de ADN.

Um fragmento da cadeia de i-RNA tem a seguinte sequência: GUUU GAA CYCG UAU CYCU. Determine a sequência de nucleótidos no ADN, os anticódons do ARNt e a sequência de aminoácidos correspondente ao fragmento de gene de ADN.

Uma molécula de i-RNA contém 13% de adenil, 27% de guanil e 39% de nucleótidos de uracilo. Determine a proporção de todos os tipos de nucleótidos no ADN a partir do qual este i-RNA foi transcrito.

Uma molécula de i-RNA contém 21% de citidilo, 17% de guanilo e 40% de nucleótidos de uracilo. Determine a proporção de todos os tipos de nucleótidos no ADN a partir do qual este i-RNA foi transcrito

Uma molécula de i-RNA contém 21% de nucleótidos guanil. Quantos nucleótidos citidil estão contidos na cadeia de codificação de uma secção de ADN?

Se a cadeia da molécula de ADN a partir da qual a informação genética foi transcrita contivesse 11% de nucleótidos de adenilo, quantos nucleótidos de uracilo estariam contidos na secção correspondente do i-RNA?

Printed by Books on Demand GmbH, Norderstedt / Germany